W0304401

Jürgen Roth & Thomas Roth

Minima Ornithologica

Blumenbar

Jürgen Roth & Thomas Roth

Minima Ornithologica

Begegnungen in der Vogelwelt

Mit Illustrationen von
F. W. Bernstein

Blumenbar

Das Gedicht »Die Geschichte der Wolken« auf S. 121
ist ein Auszug aus: Hans Magnus Enzensberger,
Gedichte 1950–2020. © Suhrkamp Verlag Berlin 2019.

Dieses Buch erscheint auf Wunsch der Autoren
in der alten Rechtschreibung.

FSC
www.fsc.org
MIX
Papier aus verantwortungsvollen Quellen
FSC® C083411

ISBN 978-3-351-05084-9

Blumenbar ist eine Marke der Aufbau Verlag GmbH & Co. KG

1. Auflage 2021
© Aufbau Verlag GmbH & Co. KG, Berlin 2021
Umschlaggestaltung und Gestaltung Vor- und Nachsatz
zero-media.net, München unter Verwendung einer Illustration
von © F. W. Bernstein
Druck und Binden CPI books GmbH, Leck, Germany
Printed in Germany

www.aufbau-verlag.de
www.blumenbar.de

Der Gesang der Vögel ist verblüffend – aber wie soll ich ihn beschreiben? [...] [Ich] habe keine Wörter, mit denen ich [...] auch nur eine Andeutung von dem energischen, schallenden Gesang eines Zaunkönigs vermitteln könnte. [...] Es gibt eine Grenze für die stellvertretende Erfahrung [...].

Bernd Heinrich

The ants are out on my desk again tonight, my Lilliputians. To them a pencil is a mighty tree and I have to be careful not to sweep them away accidentally.

Roger Deakin

Eine Taube kam vorüber. Die Zahl ihrer Gurrelieder [...] ähnelte der Menge des Unkrauts in einem ausgehobenen Graben.

Günter Herburger

Bereitwillig empfange ich sie in der vertraulichen Atmosphäre meines Arbeitszimmers, mache ihr Platz zwischen meinen Büchern, setze sie aufs Fensterbrett in die Sonne, besuche sie mit Freuden in ihrem Zuhause [...]. Zweck unserer Beziehungen ist nicht die bloße Ablenkung von den Ärgernissen des Lebens [...]. Ich möchte der Spinne viele Fragen stellen, die sie zuweilen auch zu beantworten geruht.

Jean-Henri Fabre

6. März / Ein Bussard fliegt mit einem Zweig im Schnabel über mich hinweg.

John Lewis-Stempel

Kiebitz, / meinem Tag / fahr um die Kräuselstirn auf, / über das kurze / Horn, mit Schlingerflügen / über die Weide hinab / flieg, in den Brüchen / verflieg.

Johannes Bobrowski

So wie des Wandrers Blick am Morgen / Vergebens in die Lüfte dringt, / Wenn, in dem blauen Raum verborgen, / Hoch über ihm die Lerche singt.

Goethe

Dämmerung tritt ein und setzt diesen unnützen Erforschungen ein Ende; unnütz, sage ich und habe große Freude daran, es zu sagen, denn wenn es irgend etwas in diesem [...] Land zu verabscheuen gibt, dann den Grundsatz, daß alle unsere Nachforschungen in der Natur zu irgendeinem gegenwärtigen oder zukünftigen Nutzen für das Menschengeschlecht stattfinden.

William Henry Hudson

Indem die Tiere ohne den Menschen irgend erkennbare Aufgabe existieren, stellen sie als Ausdruck gleichsam den eigenen Namen vor, das schlechterdings nicht Vertauschbare. Das macht [...] ihre Betrachtung selig.

Theodor W. Adorno

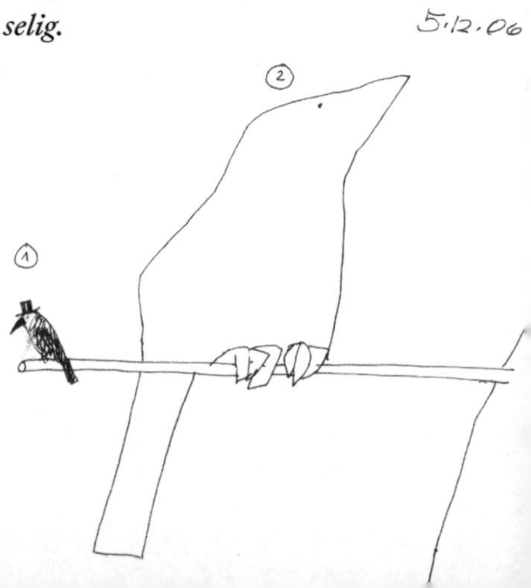

INHALT

PFLASTERSTRAND

Auf den Wegen, die man täglich zu gehen hat, kommt man auch durch die Bergstraße, eher eine Gasse, schmal, grau, vegetationslos, von Gebäuden eingeschlossen, mit Beton ausgekleidet wie ein Kanal. Ihre Besonderheit ist ihr beträchtliches Gefälle. Unten verläuft die Durchgangsstraße, in einem der Häuser eine meist verlassen wirkende Textilreinigung, weiter oben ein Blumengeschäft, Nelli's Blumenladen, in der Nähe ein griechisches Lokal, das argentinische Steaks verkauft, ein spanisches Restaurant in einem früheren Mädchenpensionat, Spitzenkrägen, günstige Tapas, angenehme Bedienung und Public Viewing, wenn es um die Meisterschaft geht, gegenüber die Sparkassenfiliale mit den Immobilienanzeigen im Schaufenster, Bänke, Briefkasten, Fahrradständer, dichtbeparkte Plätze, eine Metzgerei, deren im Keller befindliche Kühlkammern beständig Wärme abstrahlen – die Kirschbäume an der Straße blühen im Winter.

Der Höhenkamm, den die Bergstraße hinabläuft, erhebt sich bis auf 200 Meter über dem Meeresspiegel. Man fährt in langen Kurven hinauf, ein Teil des Buchenmischwaldes, der den Hang einst bedeckte, ist noch da, und wer dort hineingeht, merkt, auch im Sommer noch, die Feuchtigkeit, die angenehme Kühle zwischen den Bäumen. Der Bergrücken ist durchzogen von Spalten, Gräben, Siefen, Rinnsalen, die verschwinden bei Trockenheit und sich füllen mit jedem Regen, begleitet vom Rauschen, Glucksen, Tröpfeln, Plappern des fließenden Wassers.

Am Fuß des Berges büßte es dazumal an Tempo ein, suchte sich breitere Betten, durchquerte die Ebene in Windungen und Schleifen und erreichte schließlich den Fluß unten im Tal.

Wolfsbach, Geisbach, Hanfbach, Lüppingsbach, auf den Karten ist es verzeichnet.

Als die Siedlungen wuchsen, am Fuß des Berges und den Hang hinauf, kam all dies unter Beton. Nun verschwinden die Gewässer am Rand des Waldes, werden unter die Erde gelegt, in Rohre gezwungen, durchgeleitet und erst dann wieder freigelassen, wenn der Ortsrand erreicht ist. Das Land der Bäche liegt heute unter Wohn- und Gewerbegebieten und Straßen, und wenn man sich bei starkem Regen auf einen der Gullys stellt, kann man es hören: das Rauschen des Wassers, das den Berg hinabläuft wie vor Hunderten von Jahren, sich seinen Weg aber nicht mehr selber zu bahnen vermag.

Vor einigen Monaten sahen wir an einem Bach in einem kleinen Waldgebiet, das von einem Naturlehrpfad durchzogen ist, eine Gebirgsstelze. Mit wippendem Schwanz, feingliedrigen, zarten, etwas nervös wirkenden Bewegungen lief sie am Ufer entlang, über einen gestürzten Baum, bemooste Steine, nach Insekten suchend, stets in der Nähe des Wassers, das sie, anders als ihre nahe Verwandte, die Bachstelze, kaum entbehren kann. Ein munterer, gleichwohl im Wald kaum zu bemerkender Vogel, wäre da nicht die gelb leuchtende, von etwas Weiß aufgehellte Brust unter der asphalt- wie schiefergrauen Rücken- und Flügelpartie, ein Aufscheinen wie eine Reflexion auf dem Wasser.

Im folgenden Frühjahr fuhrst du durch die Bergstraße und hättest im trüben Morgen den grauen Vogel beinahe nicht bemerkt, der dort, zwischen Blumenladen und chemischer Reinigung, auf dem Asphalt hin- und hertrippelte. Ein Hausrotschwanz hätte es sein mögen, eine Felsengrasmücke, ein Grauspötter meinetwegen, doch dann war es zu sehen, das noch ein wenig blasse Gelb der Gebirgsstelze, der lange, fein ausgezogene Schwanz, der weiße Oberaugenstrich. Kein Bach, kein Moos, kein Stein, nichts, nur fugendichte menschliche Bauwelt. Und als du, wieder zu Hause, H. davon erzähltest, mochte sie es kaum glauben.

Doch als du am nächsten Morgen erneut die Bergstraße passiertest, um die Ecke auf die Durchgangsstraße einbogst und am Kreisverkehr halten mußtest, hörtest du das Rauschen unter dem Asphalt. Der Wolfsbach, hier muß er sein.

Den kleinen, den klugen gelben Vogel hast du nie wieder gesehen.

STADTMITTE

Aber schon am 27. April des Jahres begab sich folgendes.

Wir fuhren zusammen mit M., der ewigjungen Granate, mit der U-Bahn vom Hohenzollernplatz zum Hauptbahnhof, nahmen dort die S-Bahn zum Stachus und wollten ins Hofbräuhaus gehen.

Wir latschten herum und fanden es nicht, trotz der akribischen Instruktionen des Herrn S. (»durch die Dingsbums-Gasse, dann seid's scho' da«).

Als wir dann mal da waren, tranken wir in Rekordzeit zwei Bier und verdufteten wieder. Denn das *Schneider Bräuhaus* im Tal ist eh die schärfere Location. Bis vor wenigen Jahren war das Herbert Achternbuschs Stammwirtshaus, in dem er an einem Tisch vor der Küche hockte und, heißt es, seine Zeche mit kleinen Gemälden beglich. Barbara und Andreas jedenfalls können mit uns bezeugen, wie der begnadete Poet und Filmemacher an einem Abend in den nuller Jahren in Fünfminutenabständen drei- oder viermal im Stechschritt an unserem Tisch am Eingang vorbeirauschte – raus und kurz darauf wieder rein, ohne daß ihm der Hut vom Kopf flog –, offenbar schwer erzürnt oder unstillbar durstig.

Wir sitzen am nämlichen Tisch, lassen Weißbier in uns hinein und müssen nach einer halben Stunde mal vor die Tür – und fallen, draußen, vom Glauben ab, den wir nicht haben. Rund um die barocke Turmhaube der Heiliggeistkirche rechter Hand brettern vier Wanderfalken, unentwegt irre Freudenschreie ausstoßend, die Trottel da unten auf dem Viktualienmarkt verlachend, hetzen hintereinander her, tollen herum, zeigen, was bezüglich Fliegen Sache ist, und finden und finden kein Ende, im

Kreis herum und herum und herum und herum und wieder herum und herum und herum.

Man spricht von Lern- und Jagdspielen. Wir sprechen nicht. Minutenlang steht uns das Maul offen. Achternbusch ist ja schon spitze. Aber diese Vorstellung der notorischen Taubenschänder und -destruktoren?

Es möchte nun jemand daherkommen und sagen, es seien wohl eher ordinäre Turmfalken gewesen. Wir werfen ihm ein Lächeln zu. Es waren Wanderfalken, für uns.

3.12

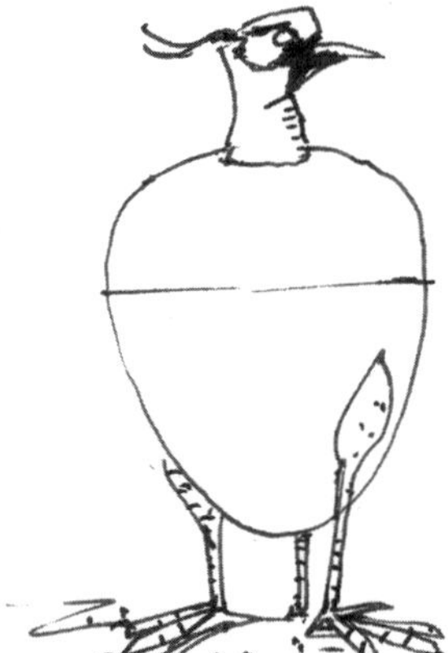

J. schickt mir einen Bierdeckel aus Jever mit diesem da: „Der berühmte Kiebitzbecher Bismarcks Geschenk an die Getreuen zu Jever“.

SCHNITZELJAGD

Meereslandschaft unter Maisonne, die Straße wie mit dem Lineal durch die topfebene Landschaft gelegt, über die beständig der Wind bläst. Das Gras wogt, wirft Wellen, biegt sich, beugt sich – wie die Fußgänger und Radfahrer, die sich gegen den Luftstrom vorwärtszubewegen bemühen.

Auf dem Weg liegt eine Feder, etwas zerzaust, schlank, schwarzgerändert, in der Nähe des Schafts milchweiß, nach außen hin in ein helles Grau übergehend. Nach einigen Metern eine weitere, ähnlich gefärbt, etwas kleiner, wir heben sie auf, schauen sie an, stecken sie ein. Dann, nach weiterer Wegstrecke, eine, die deutlich dunkler wirkt – das Weiß zu einem Fleck zusammengeschmolzen, das Grau zu Anthrazit verdichtet.

Wir stellen uns den Vogel vor, der sie verloren hat, lange vor der Zeit der Mauser, die Flügel und den Schwanz, die durchsichtig oder zerrupft sein müssen. Sein Flug wird ungelenk sein, torkelnd. Die nächste Feder finden wir zwischen trockenen, holzigen Halmen am Wegesrand, länglich, beinahe ölschwarz – und dann eine mit abgerundeter Fahne und einem bläulichen, ein wenig kalten Glanz. Welche Krankheit, welcher Räuber hat sie dem Vogel wohl herausgezogen?

Schließlich am Straßenrand ein Karree, dicht bewachsen mit Bäumen und Büschen, vor längerer Zeit angelegt, um Schutz zu bieten dem kleinen, offenbar nicht mehr bewohnten Haus, der Kate, die hier zwischen den Wiesen und Feldern errichtet worden ist. Unter dem schattenwerfenden Blätterdach eine struppige Hecke, die einen Einlaß freigibt, einen Durchgang ins Innere des Hains, wo sich eine vom Wind abgeschirmte Wiese befindet.

Wir gehen hinein. Und während sich das Tosen und das Toben des Windes verlieren, durchbricht das Schäkern einer Elster die neugewonnene Stille. Sie sitzt in einem Baum, in einem Flecken Licht, schaut kurz auf die Eindringlinge herab und fliegt davon, kein Fehler in ihrem Gefieder.

HERR SITTICH UND FRAU SAFRAN

Vermutlich ist es so, daß Vögel keine Karriere machen, sondern in Ruhe gelassen werden wollen. Bisweilen wollen sie sich auch zeigen. Warum das so ist, wissen womöglich unsere gewitzten Hirnbiologen. Wir möchten mit denen nicht reden. Das ist unser Recht.

Am Abend zuvor eine Lesung über die gegenwärtigen Naturverhältnisse, im Georg-Büchner-Club in Gießen, auf Einladung des großen und verzweifelten Denkers Götz Eisenberg.

Elf Tage danach schickt er uns eine Mail: »Heute morgen stieß ich in der Morgensonne beim Lesen auf dem Balkon auf einen Traum von Max Frisch. Darin trifft Robert Walser Lenin in der Züricher Spiegelgasse und richtet nur eine Frage an ihn: ›Haben Sie auch das Glarner Birnbrot so gern?‹ Das hat mir den Morgen schöngemacht. Kurz darauf legte vorn am Flüßchen eine Motorsense los, und ich mußte das Lesen im Freien beenden.«

Einen guten Monat zuvor erreichte uns diese Mail: »Bei uns zu Hause war die Rückkehr des Kuckucks immer das Signal, daß nun die Spargelzeit beginnt und der Schinken aus der herbstlichen Hausschlachtung angeschnitten werden kann. Da könnte man heute lange warten, und die Spargelindustrie könnte dichtmachen. ›Mein Spargel schmeckt auch ohne Kuckuck!‹ könnte man den Kalauer meines alten Freundes Fritz Roth aus der Zeit des Waldsterbens – ›Mein Auto fährt auch ohne Wald!‹ – abwandeln. Fritz ist Schauspieler geworden und lebt in Berlin.«

In Berlin muß man nicht sein. In Watzenborn-Steinberg muß man sein, jetzt, am Tag nach der Lesung, zu deren Abrundung Wein und Käse und ein paar Flascherln Bier gereicht wurden, und die Sache mit dem Waldsterben haben Gerhard Polt und Hanns Christian Müller schon 1987, pars pro toto für die Läßlichkeit der sogenannten Natur, erledigt, mit dem Fernsehsketch »Die Verantwortungsnehmer«, in dem sich die Schilda Response GmbH & Co. KG des gesamten Spektrums gesellschaftlicher und politischer Debakel und »Schweinereien« an- und in dem sie konsequenterweise »Verantwortungen en gros« übernimmt.

»Wir übernehmen jedwede Verantwortung – also ideeller Art. Also, wie soll ich sagen: natürlich ohne finanzielle Konsequenzen. Weil, wie gesagt, die übernimmt sowieso der Steuerzahler«, schwadroniert der geniale Polt in der Rolle des Chefs der Schilda Response GmbH & Co. KG vor sich hin, ergo übernimmt sein Laden auch die Verantwortung fürs Waldsterben: »Der deutsche Wald ist hinüber – eine der größten Naturkatastrophen der letzten Jahrtausende, nicht wahr? Keiner will's gewesen sein. Wir haben aber schon einen Verantwortlichen. Do sitzt er, unser Herr Sittich. Ja, Herr Sittich, Sie übernehmen die Verantwortung für des Waldsterben?« – »Ja, jederzeit.«

Warum der tumb wirkende, wenig gesprächige Herr Sittich, der Watschenmann, ausgerechnet wie ein unablässig schnabelnder Vogel heißt – das müssen wir den Polt mal fragen.

Eine weitere Nachricht von Götz Eisenberg: »Ich lese gerade ein tolles Buch von William T. Vollmann, in dem er von seinen Erfahrungen als Trainhopper berichtet und vor allem von seinen Begegnungen mit irren Typen. So trifft er eines Tages Bill, einen grauhaarigen Vietnamveteranen. Als er ihn fragte, ob er schöne Dinge gesehen habe, lächelte er und erzählte folgendes: ›Einmal war bei extremer Kälte ein Adler in seinen Waggon geflogen und hatte ihn angestarrt, so, als wollte er sagen, mir ist auch kalt, und Bill gab ihm etwas von seinem Hamburger, und der Adler blieb viele Stunden lang bei ihm. Ich sah, daß diese Erinnerung ihn glücklich machte. Über den Rest schwieg er sich aus.‹«

Mit dergleichen können wir nicht dienen an diesem wie hingehauchten, entgegenkommend kühlen Maimorgen auf der Terrasse von Frau Safrans Haus in Watzenborn-Steinberg. Der Abend war sittsam und desgleichen alkoholisch wohltemperiert, finalisiert im zwecks Überfüllung geöffneten *Kaffee Wolkenlos* in der Goethestraße, das Menschsein nun jedoch übt sich in Dezenz, im Schweigen, im Ruhen oder im sonntäglichen Pflichtpflöckeln, nichts zu hören aus den Gärten rundherum, kein Geplärre, keine Emanation technischer Gerätschaften, die sträflich mißverstandenen und -achteten Tauben juchheien über die Firste, die Sonne läßt es, weil sie heute mal an den Herrgott glaubt, langsam angehen, und wir haben nicht vor zu denken.

Man sollte bloß diesen Quatsch betrachten. Rechts über uns fliegen ständig zwei Stare die Traufe an, schlagen wirrsinnig mit den Flügeln und meckern und führen Beschwerde, quarrend und knarrend, zeternd und rüffelnd, flitschend und nörgelnd, genervt von der Anwesenheit dieses unbekannten Sackgesichts da unten, das den Unfugsmeistern und mimetisch hochqualifizierten Blödianen, versonnen zuschauend, doch nichts als wohlgesonnen ist und kurz gar erwägt, eine Ode ans Odiose der Stare, falsch: eine Ode an *Sturnus vulgaris*, an den Unterhaltungsolympier der Städte, Vorstädte und Minderstädte zu verfassen.

Nein, sie mögen uns nicht, das müssen sie ja keineswegs, aber nach einer halben Stunde trauen sie endlich dem Satansbraten, der da hockt ohne Arg und Flinte, und schlüpfen unter der Regenrinne hindurch, ihr Fütterungswerk zu verrichten und fortan fleißig zu sein wie ehedem die Handwerker, nicht versäumend, uns weiterhin ab und zu zu schimpfen oder vielleicht jetzt eher auszulachen, zu Recht, zu Recht.

Frau Safran geruht zu erscheinen, ein Käsebrot benagend. Rasch gilt es, die Grund- und Vorzüge von Alfred Schmidts Studie *Der Begriff der Natur in der Lehre von Marx* zu extemporieren und zu erörtern, in einer nahezu idealen habermasianischen Laber- und Faselkonstellation. Herrschaftsfreie Kommunikation at her best – Herz, was begehrst du mehr?

Na – daß linker Hand ein Turmfalke behutsam hin- und herschwankend heransegelt und sich im Wipfel der Douglasie an der Grundstücksgrenze aufpflanzt. Und da oben von nun an sitzt.

In Frau Safrans Garten schläft eine zirka halbjahrhundertjährige Landschildkröte (Westrasse! *Testudo hermanni*! Nicht irgend so ein Bolschewik!). Die Haus- und Grünflächenherrin weist uns in die Bepflanzung ihres Anwesens ein. Botanik – ein weit schwierigeres Geschäft als die Ornithologie. Stockrose, Nelkenwurz, Feinstrahlaster, Goldrute, Männertreu, Zitronenmelisse, Margerite, Kornblume, Akelei, Sittichfenchel, Goldsafran.

Freund Schneider kommt vorbei und trinkt tatsächlich Kaffee. Das ist der Lauf der Welt, während sich der Turmfalke, der Faulheit willfahrend und zwischendurch kurz Körperpflege betreibend, auf seiner Aussichtsplattform im höflichen Gegenlicht nach wie vor hin- und herschaukeln läßt, der Natur souverän vertrauend. Wie lange er dort bereits verharrt – klassisch stahlgrauer Helm, geschmackssicher schwarzgetüpfelter mildbrauner Mantel, schlanke gestrichelte Brust, hellhoniggelbe Hosen.

Anstalten machen wir, über Literatur und deren Betriebsförmigkeit zu diskursieren. Wir sollten das lassen. Denn schon seit, mittlerweile, Stunden zeigt uns ein Mönchsgrasmückenmännchen aus dem Background akustisch die Instrumente, und plötzlich, als wolle es seine Zuneigung zu uns oder zu den Staren oder zu wem auch immer demonstrieren, landet es auf einem Busch direkt an der Terrasse, richtet die stilvoll konturierte schwarze Kappe gen Firmament und läßt aus seinem winzigen Leib Töne und Melodien hervorströmen, die versuchsweise zu transkribieren unanständig wäre.

Es ist ein Lied an und für die Welt, sprudelnd, schmetternd, hurrarufend, frei und selbstbewußt und lustliebend, der weißgraue Rumpf wiegt sich nach links und nach rechts, kein Windstoß könnte ihm etwas anhaben, »Ihr Idioten! Ihr Idioten!« flötet, zugleich spöttisch schwätzend, der Vogel, es ist vollständig bescheuert und sagenhaft, und das ist Watzenborn-Steinberg.

Man kann überhaupt nur glücklich sein, wenn man so etwas aufschreibt.

DIE VORSCHLAGHAMMERAMMER

»Nachtrag. Deine Zeitzeugenschaft beweist: Es gab sie, die Momente der Stille. Und es wird sie, aller Wahrscheinlichkeit nach, auch wieder geben. Ein gewichtiger Trost, denn heute hätten wir statt ›Was piept und fliegt denn da?‹ prima ›Was lärmt denn da?‹ spielen können (Bohrmeißel! Preßlufthammer! Rüttelplatte! Schlagbohrer, Flex …).

Ich werde dem BHB (Interessenverband Heimwerken, Bauen, Gärtnern) als PR-Maßnahme die ›Stunde der Werkzeuge und Maschinen‹ vorschlagen. Ein Montagmorgen eignet sich gut.

Ab 15.35 Uhr wurde meinerseits zurückgelärmt mittels Rasenmäher. Die Nachbarschaft ließ mich prominent gewähren (Solo Safran!) und fing erst zu mähen an, als ich fertig war.

So geht Reihenhaus.

Gerade ist nur eine Amsel zu hören.«

*

»›So geht Reihenhaus‹ – wunderbare Formulierung! Du hast aber die Bohrmeise, den Preßlufthammerkopf, den Rüttelfalken, den Schlagadler und den Flexflamingo vergessen.«

*

»Oh, tut mir leid! Auch die Vorschlaghammerammer.«

GRAU UND GRAU

Das Grau hat keinen guten Ruf. Kopfschmerz am Morgen, eine Stadt unter Smog, nachts die Katzen. Ungeziefer, Waschbeton, Hausmeisterkittel. Das Unscheinbare, Farblose, nicht Beachtenswerte. Goldammer schlägt Grauammer. Der Gelbspötter gilt zu Recht als Wunderwerk der Natur, der Grauspötter erfährt die ihm zustehende Anerkennung erst, seit er Isabellspötter heißt. Den schwarz-weiß gewandeten Trauerschnäpper hat man vor Augen, den Grauschnäpper nie gesehen. Und wer in Südfrankreich oder im Winter am Niederrhein die Silberreiher auf den Wiesen sieht, schmal, hochaufgeschossen, elegant schreitend, dem kommen die danebenstehenden Graureiher wie Statisten vor.

Immerhin einer der größten mitteleuropäischen Vögel, bis zu zwei Meter Spannweite, in voller Streckung fast einen Meter groß. In unserer Kindheit war nicht daran zu denken, jemals einen Storch zu sehen. Man hoffte darauf, eines fernen Tages, und konnte sich derweil mit dem Graureiher trösten. Diesen schweren Vogel mit dem langen Hals fliegen zu sehen, ihm zwischen Äckern und Wald zu begegnen, an einem Tümpel, auf Beute wartend, war schon etwas, das einen nicht kaltließ. Size might have mattered. Und das etwas Absonderliche des Vogels interessierte uns vermutlich ebenso wie die Tatsache, daß er einen fast so schweren Stand hatte wie die Greifvögel.

Raubvögel wurden sie damals genannt, und *Ardea cinerea* war üblicherweise der »Fischreiher«, eine üble Kreatur, die unablässig Karpfen- und Forellenteiche leerräumte, eine Pest und eine Plage, die nur noch vom Kormoran übertroffen wird, ein Unglücksvogel, der die bayerische Fischwirtschaft und die Heimat überhaupt bedrohte. Daß sich der graue Reiher überwiegend

von anderen Tieren ernährte, Mäusen und Ratten zumal, war ein Einwand, wie ihn nur die Deppen vom Vogelschutzverein vorbringen konnten.

Ein Symbolvogel gegen das allgemeine »Feuer frei!« wurde der Graureiher also für uns, später ein Wappentier der schlechten Laune. Das Verbreitungsgebiet des Grey Heron hat sich erweitert, der Bestand entwickelt sich positiv. Beim Speiseplan nicht wählerisch, nicht unbedingt anspruchsvoll, was sein Lebensumfeld angeht, ist er fast ein Allerweltsvogel geworden, zu einer jener Arten, die einen beständig durchs Leben zu begleiten scheinen.

In den zersiedelten Landschaften braucht es einen Fluß und ein paar Wiesen, in den Städten nur ein kleineres Gewässer, das nicht von Beton eingefaßt ist, schon bekommt man die Reiher zu Gesicht. In der Nähe des Rheins kann man sie tagsüber oft auf den Wiesen sehen, unter ihre grauen Flügeldecken gekauert, still, fast steif, auf den Boden starrend, als warteten sie auf etwas, von dem sie wissen, daß es nicht eintreten wird. Nähert man sich ihnen zu sehr, erheben sie sich, etwas ungnädig, mit leichter Verzögerung, als wägten sie ab, ob es sich überhaupt lohne, wuchten sich in die Höhe, schaffen ein paar Meter, sinken alsbald nieder und stecken die Flügel wieder zusammen, um von neuem ihrem Geschäft nachzugehen: stehen, starren, stieren.

In der Altstadt von B. nahmen wir einige Jahre lang einen Laufweg parallel zu einem Bach, der uns regelmäßige Begegnungen mit Reihern eintrug. Einer hatte seinen Stammplatz hinter einer kleinen Brücke, zwischen Parkplatz und Kindertagesstätte, unter dem Geräusch des Straßenverkehrs stand er sich dort die Beine in den Bauch. Meist begegneten wir ihm im Regen, die krummen Schultern unter seinen staubgrauen Kittel gesteckt, mißmutig auf das Rinnsal und umgebendes Gestrüpp schauend. Mit beginnender Dämmerung zog er dann schwer schlagend über den Himmel zu seinem Schlafplatz, wie ein müder Mann mit überfüllter Aktentasche.

Wie es sonst zugeht in so einem Graureiherleben, erfährt man ohne weiteres meist nicht. Der Allerweltsvogelbeobachter erhält in der Regel kaum Einblicke in Dinge wie Balz, Partnerwahl, das Verhalten der Paare untereinander, die Aufzucht der Jungen. Doch wem es um schlechte Laune zu tun ist, sollte sich einmal auf die Suche nach einem Reiherhorst machen: ein achtlos zusammengeworfener Haufen aus Zweigen, mit Ausscheidungen besudelt, die Jungvögel in schmutzigem Grau, lärmend um Futter bettelnd, das ihnen von den Elterntieren in den Schlund gewürgt wird.

In einer Reiherkolonie obwaltet das Spektakel. Die Elternpaare machen sich gegenseitig das Nistmaterial streitig, die jungen Reiher zanken sich fast unentwegt um Futter oder spähen neidisch aufs Nachbarnest; dabei »schreien und quieken« sie »wie eine Horde Schweine« (Gerhard Brodowski), während die

Alttiere ihr rüpelhaftes Tun mit unentwegtem Krächzen und Kläffen begleiten.

Die Bäume leiden schwer unter dem ätzenden, wahllos verspritzten, über Äste und Stämme rinnenden Reiherkot. Auf der Kurischen Nehrung haben wir einmal eine Kolonie gesehen, die einem Waste Land glich; kahle Äste ragten hilfesuchend in den Himmel. Und nebenan brüteten die Kormorane.

In J. A. Bakers epochalem Buch *Der Wanderfalke* begegnet man auch dem Graureiher einige Male, und der düstere Ton von Bakers Prosa umhüllt seine Gestalt wie ein Mantel: »Gebeugt und krumm hing [der Reiher] schlaff auf seinen langen Stelzenbeinen. [...] Sein Schnabel bewegte sich nur ein einziges Mal. Er wartete auf Mäuse, um sie zu töten. Es kamen keine.«

An anderer Stelle spricht Baker vom »kalten Blick des spähenden Reihers«. »Die Sonne glänzt«, und dann »sticht« der Vogel mit »speerschnellem Schnabel [...] dem Wasser die helle Hornhaut aus«. Ein Moment, kürzer noch als dieser Satz: Der reglos, wie abgestorben wirkende Vogel schnellt nach vorne, sein Hals streckt sich, der Schnabel stößt zu, der ganze Körper in explosiver Entladung, und erst wenn er zurückgefedert ist und sich wieder aufrichtet, um sich erneut in Position zu bringen oder die Beute, einen Fisch, eine Maus, durch seinen schlangenartigen Hals herunterzuschlingen, weiß man, was geschehen ist.

Seit wir nicht mehr in der Stadt wohnen, gewahren wir die grauen Reiher noch öfter, wieder und wieder, von einem der Wege aus, die sich an einem kleinen Fluß entlangwinden. Folgt man dem Wasser über mehrere Kilometer, begegnet man, gerade im Spätsommer, Reiher um Reiher, meist in der Nähe des Ufers, in unterschiedlichen Zuständen der Ruhe und Anspannung, eingerichtet in verschiedenen Posen, fast wie in einem Skizzenbuch, einer auf einem Stein balancierend wie ein Akrobat auf einem Ball, ein anderer zusammengekauert unter einer Weide, ein dritter nach vorne gestreckt ins Wasser spähend, ein vierter aufrecht, den langen Hals fast geradegezogen.

Immer bleiben sie einzeln, ungesellig, aber im späteren Jahresverlauf, wenn die Jungvögel hinzugekommen sind, sieht man oft mehrere recht nah beieinander: Altvögel mit dem markanten schwarzen Schopf, am Hals fast noch reines Weiß, das Gefieder kontrastreich wie das einer Bachstelze, der Schnabel beinahe so gelb wie der ihrer charmanteren Verwandten, der Silber- und Kuhreiher. Manche mit verwaschenen Farben, die Jungvögel schmaler, blasser, scheckig, an Hals und Brust gemasert. Verteilt über die Ebene wie Stecknadelköpfe auf einer Landkarte.

Verharrt man in gemessenem Abstand, kann man sehen, wie die Reiher durchs Gras schreiten, langsam, gemessen, die Beine an- und abwinkelnd, die Füße mit den langen Zehen vorsichtig auf den Boden setzend, so daß man an die tastenden Bewegungen einer Rohrdommel oder einer Wasserralle denken muß.

Kein Anlaß besteht, den garstigen Grauen zu idealisieren. Aber es ist, als ob das genauere Hinschauen den Vogel verändert. Am Abend sehen wir einen davonziehen, wie ein Boot durchs Himmelsmeer. Von den Wellenkämmen fällt noch etwas Licht zurück.

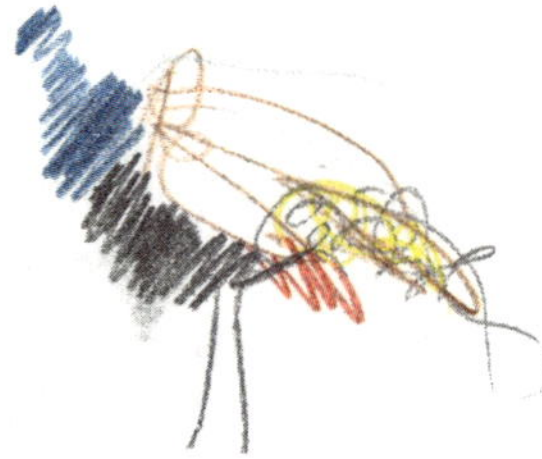

DIE VERSCHWUNDENEN

Der Himmel ist matt und müde wie ein Bettlaken um sechs Uhr früh. Die Luft ist ruhig wie ein Glas Wasser. Einzig die Flugzeuge zwischendurch zeichnen Tonspuren ins Drumherum.

Hinter den Mauern müht sich nun doch eine Amsel, eine halbe Minute lang, fragil flötend und zaghaft zeternd dem Siechtum etwas entgegenzusetzen. Es müßte ihn ja noch geben, den Gedanken an Wärme und an die Liebe zur Welt.

Es ist ein furchtbares Jahr. Wir sitzen, wie immer, am Schreibtisch, die Fenster geöffnet, die Temperaturen steigen. Schon um acht ist der Tag erschöpft.

Die Vorstellung, daß einmal nichts mehr sein könnte.

Es ist beinahe nichts mehr. Keine Meise, kein Spatz, kein Hausrotschwanz, kein Star, kein Eichelhäher, keine Elster mehr, die Stadt ist leer, nebenan der Schlagbohrer, da vorne hupen sie jetzt, sie fahren zum Einkaufen, Plastikfetzen flattern durch die Straße, noch schnell zur Post, die wird auch bald schließen.

Der Zustand: wie nach sieben Tagen Saufen ohne einen Bissen Nahrung.

Wo warst du, Welt?

Abends in die Gastwirtschaft. Lustlos in der aktuellen *Titanic* geblättert. In der Rubrik »Vom Fachmann für Kenner« ein Beitrag von Tibor Rácskai, unter der Überschrift »Sprichwort, aktualisiert«:

»Der Vogel muß gar nicht mehr früh sein, um den Wurm zu fangen, weil die anderen Vögel meistens schon tot sind.«

WARTEN

»Look! They're back! Look!« And they're gone.

TED HUGHES

Mitte April dürfte es soweit sein.

Sobald sich die Schwalben im September auf den Stromleitungen sammeln, weiß man, daß sie fortziehen werden. Zurück kehren sie hingegen ohne Vorwarnung. Auf einmal sind die eleganten Vögel in der Luft, kurzer Frack, weiße Brust.

Die Vogelbücher verzeichnen die üblichen Zugzeiten. Doch genau weiß man nie, wann es soweit ist. In trüben Frühjahren, wenn der April frostig ist und reichlich Regen bringt, möchte man sie gar nicht so bald hier haben. In einem heiteren März schaut man Tag für Tag in den Himmel und fragt sich, wo sie denn bleiben.

Wäre man phänologisch veranlagt, hätte man sich über die Jahre notiert, auf welche Tage die Zugzeiten der hiesigen Mehlschwalben fallen, und man besäße einen Anhaltspunkt für das, was zu erwarten wäre. Sicherheit gewönne man dadurch trotzdem nicht. Denn auf Grund des Klimawandels verändern sich die Niederschläge und die Temperaturen, die Vegetationsphasen und folglich auch das Zugverhalten der Vögel. Wie ein Uhrwerk hat der Vogelzug nie funktioniert, aber die Abweichungen nehmen zu. Wann man den ersten Zilpzalp aus der Baumkrone rufen hört, wann die Kraniche übers Haus ziehen, wann das erste Zwitschern der Mönchsgrasmücke ertönt – it depends, you know.

Fünf Monate, immerhin. Früher waren es die Rauch- und Mehlschwalben, die dem Jahr eine Gliederung gaben. Im Dorf, auf dem Land schienen sie allgegenwärtig. Kamen die Schwalben aus Afrika zurück, wurde es endlich Frühling. Zogen die »Sommergeister« (Stein, *Vogelkunde*) wieder gen Süden, stellte man sich gefälligst auf den Herbst ein. Als die Großeltern noch lebten, konnte man sich daran halten.

Später, als man weggezogen war, in eine größere Stadt, galt es, einen anderen Kalender zu finden. Vor den Fenstern des Mehrfamilienhauses am Innenstadtring, in das wir unsere Möbel stellten, standen zwar Kastanien; ab und an turnte eine Kohlmeise in den Zweigen herum, dann gesellte sich ein Buchfink dazu, der gegen den Radau der Autofahrer anplärrte, viel mehr war aber erst einmal nicht. Bis die Mauersegler kamen.

An den Häuserfassaden gegenüber waren Brutkästen angebracht, die die ortstreuen Vögel jedes Jahr von neuem bezogen. Damit begann die herrliche Zeit. Die schwarzgrauen Segler jagten wie Düsenjets am Himmel hin und her, entschwanden ins helle Grau, stürzten zwischen die Häuser hinab, rasten in flinksten Wendungen die Straßenzüge entlang, pfiffen über die Dächer, immer mit anderen, sich gegenseitig umkurvend, einander jagend, flankierend und begleitend. Zwischendurch flogen sie in langen, klargezogenen Bögen die Fassaden an, an denen sie sich festhakten, dann unterkrochen, um zu füttern. Kurz waren sie verschwunden. Doch bald tauchten sie wieder auf, ließen sich abermals in ihr Element fallen und fuhren fort mit der fröhlichen Raserei.

Man stellt sich ans Fenster, sieht ihren Flugmanövern und -kunststücken zu, und da einem die Worte ausgehen, steht man da – mit offenem Mund und täppisch in der Luft herumrudernden Armen. Haste das gesehen? – Haste nicht.

Man öffnet das Fenster, damit ihre Stimmen noch besser zu hören sind, ihre langgezogenen, stets ein wenig euphorisch wirkenden Schreie, die nie schrill anmuten, aber sich gegen alles durchsetzen, was da noch tönt und brummt und krawallt. Lang halten die Tage das Licht, und die Häuser, die Straßen, die Welt und der Kosmos sind eingehüllt in den großartigsten Lärm.

Zunächst versteht man die Stille nicht, die Einzug hält, nachdem sich die Mauersegler wieder nach Afrika verfügt haben. Die von Fluginsekten abhängigen Vögel folgen einem straffen Zeitplan: Gebalzt wird im Fliegen, die Paarbildung geht häufig – monogamiemäßig – ohne größeres Gehabe vonstatten, die zwei bis drei Eier sind in knapp drei Wochen zur Reife gebracht, und wenn die Jungvögel nach weiteren sechs bis sieben Wochen die Bruthöhle verlassen, liegen wenige Tage vor ihnen, bis sie sich auf den Weg machen müssen. Kurz ist so ein Mauerseglerjahr, Anfang August ist der Himmel wieder leer. Dann beginnt das Warten – auf ihre Rückkehr im folgenden Mai.

Seit einiger Zeit leben wir in einer Kleinstadt, die ein rechter Schrotthaufen ist, die aber immerhin die Faustregel widerlegt, es gebe Schwalben *oder* Segler. Wenige Monate, nachdem wir hierhergekommen waren, nahmen wir von Mehlschwalben über dem Haus Notiz, von ihrem schwankenden, paddelnden Flug, von ihrem schwätzenden, plätschernden Gesang. In der Straße standen einige Gebäude, an die sie ihre Nester kleben konnten, und so begleiteten sie uns den Sommer über.

Im Mai waren dann die Mauersegler aufgetaucht, zunächst, wie oft, nur in geringer Zahl, über den Himmel verteilt, eher zögerlich wirkend, zwischen den Luftschichten dümpelnd, Durchzügler, die sich wie eine Vorhut gebärdeten. Drei Tage später erschienen die anderen, die blieben und den Raum zwischen den Häusern veränderten.

Gott segne die rheinischen Handwerker. Eines der Mauerseglerpaare zwängt sich unter dem Vorsprung eines Satteldaches in ein Loch, das ein nachlässiger Fassadenbauer gelassen hat, und zieht in dem dahintergelegenen Hohlraum seinen Nachwuchs auf. Nur fünf Meter liegt diese Brutröhre über unserem Hof. Der Eindruck, den die Vögel jetzt machen, ist noch dichter, physischer als in der Stadt. Man sieht den runden Kopf des Weibchens beim Brüten unterm Dach hervorlugen, erkennt den kurzen Schnabel, die graue Kehle, hört es nach dem Männchen rufen, vernimmt alsbald das Sirren und Zirpen der nach Futter bettelnden Jungvögel und nimmt wahr, wie sie in den Tagen vor dem Ausfliegen mit den noch zusammengelegten Schwingen zu schlagen beginnen, um ihre Muskeln zu trainieren und das nötige Fluggewicht zu erreichen.

Wenn die Alten die Bruthöhle anfliegen und dabei den Hof überqueren, schießen sie manches Mal so dicht über uns hinweg, daß wir einen Luftzug zu spüren vermeinen – ein Geräusch, als führe man mit einer Weidenrute durch die Luft. Und während der Screaming Parties, die Alt- und Jungvögel in den letzten Julitagen über den Köpfen der Menschen veranstalten, sitzt man staunend auf dem Sofa. Spaß haben die anderen, aber wenigstens ist man dabei, und Bier gibt es genug.

Der Morgen danach ist schlimm. Der Kopf schwer und dicht, der Himmel blank wie ein Blech. Gegen Mittag tauchen wenigstens noch ein paar Schwalben auf. Und während man ihnen zusieht, wie sie Insekten aus der kaum bewegten Luft fischen, selber fast so winzig wie die Mücken, die sie fangen, denkt man bereits ans nächste Mauerseglerjahr. Drei Monate nur. Spätestens im Mai sollte es wieder soweit sein.

Wobei die Schwalben spärlich geworden sind. Die Fassaden der Häuser strahlen frisch verputzt, sauber und abwaschbar. Fläche um Fläche wird versiegelt, kaum ein Flecken, wo die Vögel den Lehm aufzunehmen vermögen, den sie zum Modellieren ihrer Nester benötigen. Und Bücher übers Insektensterben lesen die Leut' eh nicht, eher die Bedienungsanleitung des Leaf Blower Hurricane. Ob wenigstens der Bestand der Mauersegler stabil bleibt? Voraussagen kann man ihr Kommen nicht. Vor einigen Jahren waren sie bereits Ende April hier, sagen die Notizen in unserem Kalender. In den folgenden Jahren tauchten sie meist erst am 4. oder 5. Mai auf. Tag für Tag schaut man ins Ungefähre. Und die Zeit vergeht.

Gestern haben wir zwei Schwalben gesehen, am Ortsrand, in der Nähe eines Kuhstalls, derweil unsere Straße dalag wie ausgestorben. Mehrere Monate sind Schwalben und Segler im Jahr auf Reisen, und riskant ist der Zug der Vögel, auszehrend und gefährlich. Hunderte Millionen sterben Jahr für Jahr zwischen den Überwinterungsgebieten im Süden und den Brutarealen im Norden, an Erschöpfung, Nahrungsmangel und weil man sie jagt. Bis zu fünfzig Prozent sollen zugrunde gehen während des Zuges.

In die Nachrichten schafft es eine Meldung aus Griechenland, wo starke Winde und ein plötzlicher Kälteeinbruch ein massenhaftes Vogelsterben verursacht haben sollen. Mehlschwalben und Mauersegler seien zu Tausenden über dem Land zu Boden gestürzt und völlig erschöpft verendet. Hoffentlich nicht unsere, denkt man. Als ob es darauf ankäme.

Nur noch wenige Tage. Der April ist warm und trocken wie ein Juni. Auf den Wegen liegen die Blütenblätter des Flieders. Man blickt in den Himmel, der blank ist wie ein Blech. Und nichts kann man tun als: warten.

MITTAGSSCHLAF

In diesem läßlichen Quasidiarium muß auch vermerkt werden, daß, wenn man einen Pfingstsamstag, den es wahrscheinlich gar nicht gibt, biertrinkend wegwirft und sich zum Nachmittagsschlaf bettet und nach einer Stunde aufwacht, es ganz und gar wunderbar ist, ja geradezu irrwitzig beglückend, lebensmuteinhauchend, für einige Minuten beseelend und sinnlos stärkend, betörend und bescheuert behaglich anmutend, wenn (Mensch, wie geht der verfluchte Satz denn jetzt weiter? Und abermals ein »wenn«!), nein: daß (Mist, ein »daß« hatten wir auch schon!), alright: daß einen dann (»daß einen dann« – sehr gut! Auch rhythmisch in Ordnung) das wie in Spinnenwatte gepackte Tschilpen der Spatzenbande im Baum vorne links an der Straßenecke und, nicht lokalisierbar, der leise lautliche Unfug eines Rotkehlchens umschmeicheln, und man glaubt: Leck mich am Arsch, nun stimmt der ganze Tinnef wieder, und der Äther ist dein Freund, und es fehlt bloß noch eine innig schöne Frau neben dir.

So ist das, folks, glaubt es, es sollte euch frommen.

NAHAUFNAHME

Es ist ja nicht so, als ob man ihn nicht kennte. Der Zilpzalp ist ein allgemein üblicher Vogel. Er hat inzwischen fast die gesamte Paläarktis besiedelt, von den Niederungen bis ins Hochgebirg'. Freilich, Bäume braucht er schon, aber ein paar davon gibt es ja noch. Etwa drei, vielleicht vier Millionen Brutpaare soll es allein in Deutschland von ihm geben; da macht sich die Ornithologie mit weiteren, weltweiten Schätzungen gar keine Mühe mehr.

Wie oft mag man ihn schon gehört haben, wenn man in der Nähe eines Waldstückes wohnt oder an einem Stadtpark oder wenigstens nicht in der Hafen-City oder im Bankenviertel? Sofern das Biotop stimmt, liegen mehrere Reviere dicht beieinander, in fußläufiger Entfernung.

Viel mehr als seinen Namen ruft er nicht, diesen aber unzählige Male am Tag, nachdem er im frischen Frühjahr aus dem Süden zu uns gekommen ist: »Zipp-zapp-zipp-zapp-zipp-zapp«, im Dutzend pro Stunde. Wer jeden Tag nur ein paar Schritte vor die Haustür macht, hört diese Folge mindestens 537mal im Jahr. Wer ein wenig älter wird, kann auf mindestens zehntausend Zilpzalp-Rufe zurückblicken. Bei guter Führung dürfte man ihn in einem Menschenleben so oft hören wie den Standardklingelton des iPhones.

Meist sitzt er in den Baumdächern, entrückt, verborgen, nicht mehr als Stimme, Code, Zeichenfolge. 010101. Dann allerdings entdeckt man mal einen in den Büschen am Wegesrand, die ob des frühen Frühlings noch keine Blätter tragen, und sieht ihn, wie er singt: wie er die Töne aus sich herausfließen läßt und -preßt und -schleudert, wie er sie in die Luft stößt, damit sie jeder höre (vor allem jeder andere Zilpzalp), wie er bei jedem Ruf den Kopf nach oben streckt, den Schnabel kurz aufreißt, fast wie ein Jungvogel bei der Fütterung, mit dem ganzen Körper ruft und atmet, wackelt und vibriert, die Kehle gebläht, das Brustgefieder gekräuselt, der kleine Leib von Unruhe erfüllt.

Wie es ist: zu singen. Dem Zilpzalp zusehen, wie er seine Zeile vorträgt – ist es anders, als sähe man einen der anbetungswürdigen Virtuosen, Gelbspötter, Teichrohrsänger, Nachtigall?

010124358AP. Das Konkrete ist das andere. Schauen Sie sich das mal auf YouTube an.

SCHNEIDER FREI

»Wenn du nichts fängst, ist es ein Schneidertag«, sagt Björn, beeindruckend fachmännisch gewandet, auf der Fahrt in eine Gegend, die der bei Sinnen gebliebene Frankfurter in der Regel strikt meidet: die Diffusgemarkungen Griesheim und Nied, durch die leider der schöne Fluß Nidda zuckeln muß, weil die Natur einst einen Augenblick lang nicht aufgepaßt hat.

Die Nidda ist auf langen Abschnitten selbstverständlich so beschaulich wie ein Abwasserkanal im Ruhrgebiet, gnadenlos begradigt, durch Wehre gepeinigt und am Wochenende von teuflischem Jungeventvolk belagert, das meint, es sei ein hinreichender Daseinsbeweis, die Mitwelt mit einer Bumsmusik zu beschallen, die Goebbels gutgeheißen hätte.

Wir haben vom Angeln weniger Ahnung als von der Relativitätstheorie, doch der gute Mann nimmt uns Trottel mit. Er neigt stark zur unaufdringlichen Menschenfreundlichkeit und instruiert uns deshalb lediglich dergestalt, daß eine Unterhaltung ab und an durchaus im Bereich des Möglichen liege, am Ufer herumzulatschen indes verschrecke die Fische, die er zu schnappen gedenke.

Wir sind eh eher fürs Rumsitzen, insofern geht das eins a klar. Björn zieht eine hochprofessionelle Sitzkiepe mit Rädern und etwa hundert Schubladen und Fächern hinter sich her, und dann öffnet sich linker Hand plötzlich der Blick auf einen moosig-metallen oszillierenden, großen Weiher, den Grill'schen Altarm.

Behütet wird das stille Gewässer, dessen Ufer die saudumme Stadt Frankfurt in weiten Bereichen von jeglicher Vegetation »befreit« hat, auf der gegenüberliegenden Seite von einem zauberhaften Mischwald, der später, in den frühen Abendstunden, ausschaut, als habe ihn Wolfgang Herrndorf gemalt.

Frau C. und ich gehorchen Freund Björn, breiten eine braune Decke aus und legen uns hin. So geht das Mitangeln.

Frau C. schläft erst mal ein.

Da drüben, am Rande einer kleinen Insel, steht ein Graureiher herum, wie nur Graureiher herumstehen. Unermüdlich steht er. Dann steht er noch etwas mehr.

Björn klaubt lebende Maden aus einer Dose. Er habe sie mit Rakı versorgt, erklärt er, Friedfische stünden auf Maden in Anisdip, und es sei ein Frage von Minuten, bis er einen am Haken habe, der müsse daraufhin als Köderfisch dienen, um einen verdammten Hecht anzulocken, Hecht schmecke besonders fein.

Einhundertdreizehn Süßwasserfischarten kommen in Deutschland vor. Frau C. schläft gut. Ich blättere in einer Fischbestimmungsbroschüre der Zeitschrift *Blinker*. Über uns im Baum knattert ein Buchfink unablässig vor sich hin, rechts hinten aus dem Wald antworten ihm alsbald zwei weitere Kameraden mit Kontergesängen. Gesänge, na ja. Finkenschläge halt. Ein Grünfink schwunscht dazwischen.

Björn bringt an der hundertfünfzig Meter langen Schnur Bleikugeln (-schrote) an, holt in weitem Bogen aus und läßt den Schwimmer ins Wasser fliegen. Frau C. wacht auf, blättert in der Fischbestimmungsbroschüre der Zeitschrift *Blinker*, beginnt, über oberständige und unterständige Maulstellungen zu reden, und meint, der Rapfen sei soweit in Ordnung, Hasel, Ukelei und Moderlieschen seien einigermaßen okay, Zope, Zobel und Zährte dito, der Frauennerfling sei's allerdings nicht (wegen Glanzlosigkeit in der Erscheinung), der Schrätzer könne einpacken, und am besten gefielen ihr Zingel, Streber, Schlammpeitzger und der Huchen, und überhaupt habe sie Hunger, sie wolle ein Schnitzel.

Ich plädiere für den Hasel, sehe damit kein Land und starre auf den Schwimmer, die sogenannte Pose. Björn sagt, die Schleie sei ein »Problemfisch« und schwer zu fangen, der Graureiher steigt mit mißmutigen, trägen Flügelschlägen auf und streicht wie ein Piratensegel über uns hinweg.

Jetzt schlafen wir ein.

Als wir aufwachen, holt Björn die Schnur ein und murmelt: »Maden sind noch dran, sind nicht ausgenuckelt. Ich angele so lange, wie ich Zeit habe.« Rechts von uns schmeißt ein offenbar geringfügig unzufriedener Mann seine halbe Brotzeit ins Wasser. Fische lockt er dadurch nicht an, aber einen Familientrupp Nilgänse, der selbstsicher herbeihalbkreist, eine Gesandtschaft jenes schlechtbeleumundeten Neozoons, das unterdessen Rotmilane aus deren Horsten vertreibt, Enten ertränkt und überdies unserer grandiosen spätmodernen Freizeitbadgesellschaft, zumal in Frankfurt, hart zusetzt. Nicht umsonst hielt bereits Alfred Brehm fest (laut *FAZ*): »Sie [die Nilgans] gehört zu den herrschsüchtigsten und boshaftesten Vögeln, die es gibt, und lebt trotz der Vereinigungen, die sie mit ihresgleichen eingeht, nicht einmal mit diesen in Frieden.«

Die Pose, dreißig, vierzig Meter von uns entfernt, will und will sich nicht bewegen. Vermutlich ist sie eingeschlafen. Björn grüßt eine vorbeigleitende Nutria und preist diesen perfiden Invader als »die gechilltesten Tiere, die's gibt«.

Frau C. macht nichts, der Graureiher, wieder am Standort, hat ebenfalls wenig zu tun. Wir beobachten die sonderbaren Wasserläufer, einen wonnebadenden Stockentenerpel, ein müßiggehendes Höckerschwanenpaar und die in Bodennähe herumwirrenden fliegenden Ameisen, die sich paaren. »Zuviel Schönheit ist mir lästig«, hat Charles Bukowski in einer TV-Dokumentation mal gesagt.

Der Weiher: ein undurchdringlicher Spiegel, Farben gebärend, für die es keine recht passenden Begriffe gibt, Rabenkrähen ziehen über ihn hinweg, mit den betont stoischen Flügelschlägen. Die Buchfinkenmännchen dreschen sich mittlerweile die Schädel ein, und Björn, der hier als Spezialist für Angelkommunikation ein wohldosiertes Redevorrecht genießt, läßt sich vernehmen: »Setzt sich doch so 'ne unverschämte Libelle auf meine Pose.«

Er holt erneut aus und jagt den Schwimmer in einem anmutigen Bogen weit hinaus. Wir gucken. »Das Gewässer gilt als fischreich. Es kommen sämtliche wichtigen mitteleuropäischen Fischarten wie Aal, Bachschmerle, Barsch, Bitterling, Blaubandbärbling, Brassen, Döbel, Dreistachliger Stichling, Giebel, Gründling, Güster, Hecht, Karpfen, Kaulbarsch, Rotauge, Rotfeder, Schleie und Zander vor und ist somit für Fried- und Raubfischangler interessant«, heißt es auf monsterfisch.de. Auf rheinangeln.de lobt man, es gebe hier »kapitale Welse, Karpfen und Sterlets« sowie »kampfstarke Wildkarpfen«.

»Vielleicht gibt es hier gar keine Fische«, flüstert Björn beinah'. »Wir haben die Antiangelenergie, es liegt an uns beiden«, beruhigt ihn Frau C. Prompt kommt ein höchstens dreizehnjähriger Bengel vorbei, mit einer Angel, die im Vergleich zu Björns High-end-Equipment wie ein *Yps*-Gimmick aussieht, und berichtet ungefragt, er habe mit dem Blinker heute spinnfischend »bloß zwei kleine Hechte und zwei Barsche« erwischt.

Nach dreieinhalb Stunden steigt Björn auf Mais als Köder um und zieht ziemlich rasch eine Plötze, ein Rotauge, aus dem Uferbereich heraus, erledigt sie mit einem Kiemenrundschnitt, spricht zu seinem Köderfisch: »Tut mir leid für dich, du bist der Star des heutigen Abends«, und durchstößt die Schwimmblase, damit er keinen Auftrieb hat.

Nun eine schwerere Rute mit mehr Wurfgewicht, Stahlvorfach festknoten, mörderischen Haken dran, um den Hecht, den »großen Räuber« *(Farbatlas der Angelfische)*, niederzuzwingen und zu richten – und eine Ermahnung an uns: »Ihr müßt euch mehr aufs Töten konzentrieren!«

Eine leichte Brise schiebt kleine Wellen auf uns zu, ein Vogel nach dem anderen hebt rund um das Schlachtfeld zu singen an, ein Seeadler, die Nutria zu meucheln, käme uns zupaß – oder auch ein Fischadler, der Björn assistieren könnte.

Das faschistische Technogedröhne, von der anderen Seite der Nidda herüberwummernd, nimmt kein Ende, da wäre einzig eine

Harpyie, deren letzte Lebensräume der Nazi Bolsonaro gerade zu vernichten beschlossen hat, in der Lage einzuschreiten.

Wenn man sie mal bräuchte, kneifen die Genossen Greifvögel. Björn schleudert den Köder zum wiederholten Mal wie ein Irrer weit, weit links rüber zum Teichrosenteppich, unter dem wir alle eine Bande verfluchter Hechte vermuten.

Passieren tut: nichts – außer daß, dem Anglerfreund zum Hohn, in sicherer Entfernung zum Schwimmer ständig irgendwelche Fischindividuen aus dem Wasser springen.

»Die Dinge werden nie so, daß sie nur noch gut sind«, sagt Bukowski. Immerhin haben wir später einen Grand ohne vier Schneider frei verloren.

ENTENTRAUM

In der Nacht vom 20. auf den 21. Juni träumten wir, wir seien in Hamburg, wo wir zwei Jahre unserer Kindheit verbracht haben, und mit unserem alten Freund und Weggefährten Soko auf einer Demonstration.

Die Demonstration fand im Stadtteil Rotherbaum statt. Wogegen wir beide und alle anderen Anwesenden demonstrierten, gab der Traum nicht preis. Preis gab er, daß unaufhörlich Polizeiknüppel auf uns niedersausten, aber der Traum war so gnädig, uns keine Schmerzen empfinden zu lassen. Träume, in denen wir psychosomatische Schmerzen empfinden, sind uns nicht fremd.

Dann waren wir in einem Park. Dort las irgend jemand einen abgebrochenen Ast auf und schleuderte ihn auf eine Ente.

Die Ente versuchte auszuweichen. Sie wurde trotzdem getroffen.

Die Ente, offenbar nicht ernstlich verletzt, flog zehn oder zwanzig Meter weit davon, flach über den Boden hinweg, und landete in der Nähe eines alten Baums.

Sie schaute kurz, nahm Anlauf wie ein Weitspringer, schraubte sich wie ein Stabhochspringer in die Luft und schlug mit dem rechten Flügel einen der unteren Äste des Baums ab.

Jetzt sahen wir, daß es eine Stockente war. Ast um Ast schlug sie von nun an von diesem Baum ab, im stets gleichen Bewegungsablauf und mit der immerzu gleichen Methode.

Als wir aufwachten, fiel uns augenblicklich die berühmte Stelle aus Eckhard Henscheids überzeitlicher Novellenidylle *Maria Schnee* ein: »›Antn! Antn! Broooove Antn!‹«

MÖGLICHKEITEN DER MÖWE

Die Sache mit den Fischbrötchen – geschenkt. Aber wer einmal sieht, wie eine Silbermöwe auf einen überfahrenen Hasen hinabstürzt, sich neben dem aufgerissenen Körper niederläßt, zwischen Fell und Knochen hineinzuhacken beginnt, Fleisch und Innereien herauszieht, an einem Muskel- oder Sehnenstück zerrt und, da es nicht reißen will, den Kadaver so lange über die Straße schleppt, bis die Beute nachgibt; wer sich anschaut, wie eine monströs wirkende Mantelmöwe eine junge Ente oder ein geschwächtes Bleßhuhn angreift, das zappelnde, verwirrte Tier in die Luft hievt, wieder fallen läßt, ihm erneut nachstellt und es schließlich davonträgt, der – denkt sich seinen Teil. »[Die Möwen] tragen einen weißen Flaus / und sind mit Schrot zu schießen«, hat schon Christian Morgenstern geschrieben, der »am Müggelsee« und in »Helgoland, Sylt und Salzburg« (Wikipedia) reichlich Gelegenheit zum intensiven Studium dieser desaströsen Vogelfamilie hatte.

Möwen sind, im Gegensatz zu vielen Greifvögeln, keine gewandten Jäger (die einer anderen Familie angehörenden Raubmöwen lassen wir hier einmal außen vor), jedoch erfolgreiche Räuber, nervtötende Opportunisten, hartnäckig und bedenkenlos, jede Gelegenheit nutzend, um Schwächere zu schurigeln, Arglose zu übertölpeln und anderen, auch den eigenen Artgenossen, etwas abzujagen, wegzunehmen, streitig zu machen. Das unablässige Gezänk innerhalb eines Möwenschwarms macht einen glauben, die Essenz der Existenz seien Hackordnung und Dominanzgehabe.

Und hier stimmt es: »Form follows function.« (Stephen Malkmus) Der bei großen Exemplaren grobkantige, fies wirkende,

meist mit einem Haken verzierte Schnabel, bei Silber- und Mantelmöwe noch mit einem rotpochenden Wulst versehen (daß er bei der Fütterung als Signal an die Jungen dient, tut hier nichts zur Sache), der kalte, gemeine, herzlose, von einer stecknadelscharfen Pupille bestimmte Blick, bei der Silbermöwe akzentuiert durch einen giftgelben, bei der Mantelmöwe durch einen roten Ring, der einen glauben läßt, man schaue in die blutunterlaufenen Augen eines Straßenräubers – all das zeigt, wie Möwen so sind. Wer im Netz nach Bildern zum Thema sucht, braucht starke Nerven in Anbetracht all der Visagen, die er zu sehen bekommt – genauso wie derjenige, der das unablässige Kläffen, Kreischen und Keifen dieser Tiere auszuhalten versucht.

Es erscheint nur logisch, wenn der Ornithologe Walter Wüst die Möwen »zu einem internationalen Problem« erklärt und schon aus »hygienischen Gründen« eine »Bestandsregelung« für unabdingbar hält. Daß die Vögel auch Fürsprecher haben, mag man da kaum glauben. Aber es ist so. Der Verhaltensforscher Niko Tinbergen (nicht: Semsrott!) nennt sie allen Einwänden zum Trotz seine »besonderen Lieblinge«. Der olle Brehm ist sich nicht zu schade, die »gierigen«, »neidischen und streitsüchtigen Vögel« zugleich »klug«, »regsam«, »munter« und »geschickt« zu finden. Grzimeks *Tierleben* wiegt maßlose Gier (»Sie stopfen Nahrung in sich hinein, […] bis sie kaum mehr laufen […] können«) und gelegentlichen Kannibalismus mit »Geselligkeit« und »Stimmbegabung« auf. Und Sönke Martens, Leiter der Möwenforschungsgruppe Schleswig-Holstein, führt ins Feld, Möwen seien »schlau«, »neugierig« und »anpassungsfähig«.

Ein regelrechtes »Sozialverhalten«, ja sogar »Familienleben« wird ihnen mitunter attestiert. Manche loben die Treue der Silbermöwen, ihre Monogamie. Argumente, Argumente. Und dann wäre da noch der vielzitierte Christian Morgenstern: »Die Möwen sehen alle aus, als ob sie Emma hießen« (»Möwenlied«). Nicht Ragnar, Winifred und Godehard. Sondern Lea, Hanna, Ben und Paul. Ließe man diesen Gedanken zu …

Am Meer sind sie ein vertrautes Bild, die grauweißen Vögel, die den Schiffen folgen und auf den Beifang spekulieren, den Fischerboote und Trawler zurücklassen, auf einen angebissenen Hotdog oder eine Tüte Essigchips, die der von Übelkeit geplagte Fährpassagier über Bord wirft. Möwen, die um Masten kreisen oder auf den Dächern buntbepinselter Häuschen hocken, gehören zur Küstenfolklore, zum touristischen Angebotspaket, sind notwendige Zutat für die Ferien an der See und die üblichen »Salzwasser-Geschichten« (Lieckfeld/Straaß). Allerdings liegt man vermutlich richtig, wenn man vermutet, den meisten Urlaubern reichte ein Soundfile mit handelsüblichem Geschrei.

Aber lassen wir das beiseite, und betrachten wir die Möwen noch einmal genauer. Nicht leugnen kann man sodann, daß es auch Beachtliches gibt. Bei jeder Fahrt an Deck einer Fähre zeigen sich gewisse Potentiale, die in diesen nicht nur miesen Vögeln stecken. Noch im Hafen sammeln sich Möwen unterschiedlicher Größe und unterschiedlicher Arten neben dem Schiff, und sobald es sich in Bewegung setzt, sind sie an seiner Seite, um den Kahn zu begleiten, zehn Minuten, eine halbe Stunde lang, vielleicht sogar bis zum nächsten Hafen.

Ihr Flügelschlag ist schnell und leicht, und wenn der Wind gut steht, rühren sie keine Hand. Es ist dann weniger ein Fliegen und eher ein »Auf-« und »Dahinschweben« (Schuster, Conradi). Ohne Mühe folgen die Vögel dem Schiff, wie schwerelos, nicht nur die kleineren Lach- und Sturmmöwen, sondern auch die größeren Herings-, sogar die schweren Silber- und Mantelmöwen. Kein Krafteinsatz scheint nötig. Ein leichtes Tarieren, Korrigieren, Spüren und Spielen mit den Schwingen genügt, um sich durch die Luftströme zu bewegen, Höhe zu gewinnen, zu verlieren, sich zurückfallen, zum Heck tragen zu lassen, und ab und an zieht eine weg vom Schiffsleib, sackt hinunter, gleitet dicht über die Wellenkämme hinweg, um alsbald zurückzukehren. Eine andere nutzt die Brise, um gen Sonne zu verschwinden, eine dritte umkreist das Schiff, eine vierte wassert nach einem nicht einmal sekundenkurzen Kipp- und Sturzflug, um umgehend mit wenigen Schlägen wieder aufzusteigen und sich erneut in den Wind zu legen, Aug' in Aug' mit den Zuschauern auf der Aussichtsplattform.

Sie zu beobachten ist nicht so atemberaubend und ergreifend, wie den Flug des Albatros zu sehen, den Arnulf Conradi in seinem Buch über die Kunst der Vogelbeobachtung so eindringlich beschrieben hat. Aber es ist ein Ereignis. »O Mensch, du wirst nie [...] der Möwe Flug erreichen.« (Morgenstern) Und ums Fliegen scheint es hier zu gehen, denn kaum einer der Vögel macht Beute oder scheint darauf zu rechnen. Sie segeln dahin, die Augen aufs durchpflügte Meer gerichtet oder in irgendwelche Fernen schauend, und falls ihr Blick einmal aufs Schiff fällt, dann mit betontem Desinteresse. Eine Sturmmöwe, sieben, acht Meter über uns, lugt kurz hinunter und läßt ein wenig ihre blaßgelben Beine baumeln. Sie könnte man getrost Emma taufen.

Auch im Binnenland sind Möwen gegenwärtig, nicht bloß die Lachmöwen, die ans Leben jenseits der Küsten gewöhnt sind, ebenso andere Arten, die vor allem außerhalb der Brutzeit ins Landesinnere ziehen. Am Rhein etwa und an seinen Nebenflüssen kann man das ganze Jahr über auf kleinere Gruppen und größere Ansammlungen treffen, auf den Kiesbänken des Stroms, über den Feldern, neben den Autobahnen. Ohne den Seewind scheinen sie zwar an Leichtigkeit zu verlieren, doch wartet auch das Binnenland mit Sensationen auf.

Eine dieser Sensationen: In einer Spätsommernacht aus dem Kölner Hauptbahnhof treten und vom Bahnhofsvorplatz aus die Türme des Doms hinaufschauen, nach oben, wo die Möwen kreisen, gaukeln und treiben wie Falter in einem warmen Lichtstrom, Dutzende, nein Hunderte, da immer weitere vom nahen Fluß herankommen, um sich einzureihen, von den Lichtern der Großstadt angestrahlt, vor dem schwarzen Himmel wie tanzende Schneeflocken. Dazu ein vielstimmiges Rufen, Antworten, ein Schauspiel des Sozialen. Manch einer, der hier den Blick nach oben richtet, dürfte an Hitchcocks *Die Vögel* denken, an die bedrohliche, aggressive, ins Chaos stürzende Natur – doch nichts ferner als das.

Wo wir dies sehen, erinnern wir uns an einen Lachmöwenschwarm, der vor einigen Jahren in Bonn Station gemacht hatte. Die Vögel mit den runden, mehr oder minder dunkelbraun gefleckten Köpfen ließen sich zur Nacht auf einer der Rheinbrükken nieder und reihten sich auf dem Geländer des mehrere hundert Meter langen Bauwerks auf, Perle an Perle, Seit' an Seit', doch stets durch einen kleinen Abstand getrennt, meist in dieselbe Richtung schauend, gelegentlich nach links und rechts Laut gebend, krächzend, krähend, gickernd, gackernd, glucksend. Wer mit dem Fahrrad die Brücke überquerte, konnte diesen freundlichen Vögeln so nahe kommen wie sonst kaum einmal, auf wenige Meter, und wurde Auslöser wie Zeuge einer unerwarteten Vorführung.

Jede Möwe, der man sich näherte, begann zu zucken, sobald die Fluchtdistanz unterschritten war, drückte sich dann vom Brückengeländer hoch, stellte sich kurz in den Wind, bereit davonzufliegen, und ließ sich wieder nieder, wenn man sich weit genug entfernt hatte. Das Auf und Ab der Möwen mußte, aus der Entfernung betrachtet, wie eine einheitliche, fließende Bewegung wirken, wie eine Welle, die den Radfahrer auf dem Weg über die Brücke begleitete und ihn schließlich an Land entließ.

Anzunehmen, die Möwen wären anders ... An einem Nebenfluß des Rheins begegnen wir ihnen abends, wie sie in kleiner Formation und mit hoher Geschwindigkeit das Ufer entlangziehen. Eine größere Versammlung sehen wir mehrfach in der Nähe eines megalomanen Möbelhauses, vermutlich angelockt vom günstigen Kantinenessen. Und in einem nahegelegenen Gewerbegebiet treffen wir wiederholt auf eine Kolonie von Sturmmöwen, die das kiesbedeckte Dach einer großen Lagerhalle zu ihrem Brutareal erklärt haben und dort ihre Jungen großziehen. Man sieht sie an- und abfliegen, geschäftig, beansprucht, aber auch jetzt noch elegant, blaß am bleichen Firmament, goldgeschuppt im Abendlicht oder Linien ziehend auf dem Silbertablett des Mittagshimmels.

Womöglich hat Morgenstern recht. Gebt den Möwen eine Chance, in Gottes Namen. Laßt sie leben, aber füttert sie mit »rötlichen Zibeben«. Dann können die Leute in Ruhe ihre Fischbrötchen essen und die Bleßhühnchen noch ein wenig schwimmen. Und den toten Hasen kriegt der Rotmilan.

DRAUF GESCHISSEN

Montaigne, Voltaire, Verdi, Heine. Bach, Beethoven und Hermes. Die Freiheit, die Revolution, der Stadtpatron. Friedrich, Wilhelm, Bismarck, die gefallenen Kameraden, ihr Vaterland samt Siegesgöttin. Löwen, Monarchen, Patriarchen, Drachen und Denker. Die Kirchenfürsten und Fußballspieler. Zelebritäten aller Herren Länder, Völker und Erdkreise. Die Kathedralen und Regierungszentralen, die Paläste der Bürger und Banken, Rathäuser, Obelisken und Brunnen, die Giebel, Bögen und Balustraden. Selbst die antiken Stätten, Kraftwerke, Leuchttürme und Gipfelkreuze. Allesamt: vollgekleckert und verunstaltet. Sämtlich: befleckt und besudelt. Vollkommen verdreckt und vollgemacht. Besprenkelt und eingesaut.

Auch auf dem Gehweg unter den Platanen handtellergroße Kleckse, die Stühle, die Tische, die Plastikdecken bekleckert, wie eimerweise. Es suppt vom Vordach der Bahnhofshalle herunter, schmiert über die Wand, tropft auf die Treppe. Aus der U-Bahn kommend, gleitet man aus auf feuchten, frischen Schlieren, in der Unterführung exkrementöser Nebel, fein wie Staub, an der Nachtleuchte schwarze Streifen, Schicht um Schicht, verklebt mit Staub und Federn. Haufenweise Würste über die Wiese verteilt, faserige Fladen, die hart und bröcklig werden, wenn sie trocknen. Die Parkbank mit Dreck überzogen, als sei sie in eine Jauchegrube gefallen. Die Motorhaube imprägniert mit Kot, der Bürgersteig übersät mit Flecken, haltbar wie verschüttete Farbe. Wäßriges Weiß, verwaschenes Weiß, schmutziges Weiß, schmutziges Grün, grünlicher Schleim, senffarbene Substanz, diarrhöisch, dunkle Schmiere. Ein Film über der Welt, Flatschen auf dem Asphalt, beim Aufprall in alle Richtungen verspritzte Flüssigkeit, vom Regen in kleinste Ritzen und Spalten hineingewaschen, alles ausfüllend, nie mehr abwaschbar; am Garagentor eine lange braune Spur, etwas, im Vorbeiflug fallen gelassen, das langsam, »Millimeter für Millimeter« (Gerhard Polt), herabgelaufen ist, inzwischen fest, verkrustet, verbacken. Ein schwerer Tropfen, etwas Feuchtes im Haar, ungeschickt mit dem Kamm verteilt. Man steigt aufs Rad, greift den Lenker und in den Schmutz, Ausscheidung mit Joghurtcremekonsistenz, der Sattel klebrig wie Marmelade. Kotbröckchen wie Brotkrümel unterm Feuerdorn. Das Licht der Straßenlaterne milchig. Dunkelvioletter Dejekt, Auswurf in Holunder-, Johannisbeerfarbe, gelbliche Schlieren im Siff, und gräulich dröppelt's vom Dach.

Die Nachtigall war's aber nicht. Vielleicht die Lerche.

DER SPATZ VON NÜRNBERG

Am Frauentorturm prügeln sich ein paar Russen und schneiden einem der ihren den Hals auf, zu verlieren haben sie die Ehre oder ihr Leben oder eine Flasche Schnaps, es ist zehn Uhr morgens, Falstaff kommt uns in den Sinn.

Die Sonne steigt über die Stadtmauer, ein Krankenwagen fährt vor, an den Nebentisch im Straßengarten des *Pillhofer* setzen sich vier Jugendliche, zwei von ihnen wollten erst nicht hierherkommen, »weil da ein Krankenwagen steht«, wie sie sagen.

Eine halbe Stunde später wird ein Reinigungslaster der Städtischen Werke vor die Stadtmauer rangiert, ein Mann springt aus dem Führerhaus, entrollt einen Schlauch und spritzt das Pflaster ab, die Jugendlichen essen Bratwürste und Schweinshaxen und Suppen, der Sanka ist weg, die Russen sind weg.

Zwischen den Füßen beginnt es, das Frohtschilpen. Aus dem Handwerkerhof oder der Königstraße sind sie herangeeilt, vielleicht residieren sie an der Lorenzkirche, unter Giebeln, Simsen, im Mauerwerk. Eine Delegation rückt bis zum Eingang des Gasthauses vor, man spricht sich rasch ab und versucht, ins Lokal hinein- und ebenda gehörig einzuschreiten.

Der Vormarsch wird abgeblasen, zugunsten der nun gesamtgemeinschaftlichen Erkundung des Reiches zu Füßen der Menschen an den Tischen aus Holz.

Es sind Wuselwechselverhältnisse der betörendsten Art – ein regelloses Hin und Her, Verneinung des Verharrens, hüpfen, quatschen, flattern, verwirren, es dürfte den Ordnungshütern der Welt, die ihre Mörder sind, nicht schmecken, wir heißen es gut, schräg gegenüber ein stumpfes Gothic-Pärchen, er mit Arm-

netzstrümpfen, sie in einer unförmigen, prallen, kurzen Lederhose, schwarz und leblos und gleichgültig.

Mildes Kastanien- oder Staubbraun, ein paar dunkle Tupfer auf den Flügeln, die helle, gräuliche oder joghurtfarbene Brust, der rosa konische Schnabel – rechts von uns, rund um ein Stuhlbein, macht sich der Jungspatz und Frechfratz zu schaffen, pickt, blickt auf, gibt kurz Laut, versichert sich der Anwesenheit seiner Genossen, inspiziert hier den Boden, inspiziert da den Boden, weiter geht's, wir gucken ihm zu, und auf einmal schaut er uns an, ein paar Sekunden lang, ja, er schaut uns an, nicht irgend etwas, nicht irgendwen, uns, womöglich fragend, ob es okay sei, was er hier tue, oder was spricht aus seinem dunklen, strahlenden Knopfauge?

Weltheit. Weissicht. Melancholie, Trotz. Erschrocken und tüchtig, entsetzt und tatkräftig – ist er dies, ist er das, unser Kleinspatz? Was sehen wir?

In der *Café Bar* in der Gastronomiepassage des Bahnhofs stehen in Regalen hinter dem Tresen zweihundertsechzehn leere Flaschen Bier. Im Fernsehen läuft ein Film über ein Fischverarbeitungsschlachtschiff.

Während der Heimfahrt das Mittagslicht wie ruhiges Feuer, ein Lodern in den verbliebenen Bäumen am Bahndamm. So einfach ist ja nichts, aber der Spatz wird sich behaupten.

Tun können wir nichts, außer es zu vergeigen. Das Feld, der Waldrand, sein und bleiben, nicht mehr bewegen, Säume, Blätter, ausgeschüttete Naturfarbtöpfe, Bussarde steigen kreisend auf, hören können wir sie durchs Zugfenster nicht.

ÜBER DAS PLÖTZLICHE GETÖSE AM FRANKFURTER HIMMEL AM ABEND DES 1. JULI

Krähen krawallen,
Schaufeln die Schallen
Hoch ins Gelüf',
Nicht ab nimmt's der TÜV.

HERANGEWEHT

Er ist Teil der Nahrungskette. In J. A. Bakers Buch über den Wanderfalken figuriert er als Beute: »Der Falke tauchte durchs Sonnenlicht ins fallende Dunkel der [Vögel]« und »schlug schließlich einem von ihnen mit krachender Wucht vor die Brust. Das Opfer fiel neben dem Deich zu Boden, völlig entstellt, als hätte man ihm urplötzlich die Luft aus dem Körper gesogen.«

So kann man ihn sicher betrachten. Oder vogelkundlich: größter europäischer Watvogel, Flügelspannweite bis zu einem Meter, bräunliches, dunkel gebändertes Gefieder, Brutzeit April bis Mai, Nestflüchter, meist Kurz- oder Mittelstreckenzieher. Als Wiesenvogel gefährdet durch die Intensivierung der Landwirtschaft und Zerstörung von Lebensräumen, als Bodenbrüter bedroht durch Fuchs und Marderhund.

Doch es geht noch mal anders: »Die Stimme des Großen Brachvogels ist sehr eindrucksvoll«, weiß Walter Wüst zu berichten. »Brachvogelrufe und -gesänge«, heißt es in einem anderen, an sich der nüchternen Wissenschaft verpflichteten Werk, »gehören zu den melodischsten und stimmungsvollsten Vogellauten über Wiesen und Mooren.« (Limbrunner u.a., *Enzyklopädie*) Und selbst der hartgesottene Otto Fehringer schwärmt nicht nur von der »Flugkunst« der Brachvögel, sondern vom »Zauber ihrer klangschönen, abwechslungsreichen reinen Flötentöne und Triller«. Arnulf Conradi preist den »unvergleichlichen Wohllaut ihrer Stimme«, und Barbara von Wulffen will die »Faszination« und »Sehnsucht« nicht verhehlen, welche die Rufe dieser Regenpfeiferartigen auslösen.

Auch britisches Understatement hilft nicht gegen des Brachvogels Verführungskunst. Len Howard spricht von seinem »luftigen Gesang«, der »aus der Unendlichkeit zu kommen scheint und ungeahnte Schönheit mit all dem verbindet, was wir an Lieblichem kennen«. Edward Grey entwickelt angesichts der »wundervollen Noten« und »gesegneten Klänge« des Brachvogels Gefühle von »Frieden«, »Ruhe« und »Heilung«. Und selbst Neil Ansell ist, fast hundert Jahre nach Grey, noch begeistert von den Brachvögeln, ihren Balzflügen und »trillernden Rufen, deren flüssiger Klang so schön ist, daß man weinen möchte«. Und von Marderhunden ist da noch gar nicht die Rede.

Man ist also einigermaßen vorbereitet. Wenn man dann allerdings am Meer, nicht weit von Strandkorbverleih und Pommes- und Poffertjesbuden, über einer knisternd trockenen Heidelandschaft einen Brachvogel sieht, die feine Silhouette im Gegenlicht, den nach unten gebogenen Schnabel, ein inkommensurables Meisterwerk der Evolution, die Flügel angewinkelt, als ob er kurz vor der Landung innehalte, bevor er fast senkrecht zwischen Buschwerk und Krautschicht niedergeht und dort fast zu verschwinden scheint, wie er noch in der Luft dem Weibchen am Boden seine Ankunft signalisiert, mit einem dunkel klingenden, von hellen Tönen überschichteten, vollen Trillern, ängstlich und zugleich bestimmt – dann kann man nicht anders, als ... Dann will man ... Dann ist es, als ob ...

Größtmögliche Ergriffenheit jedenfalls. Es zu beschreiben fällt schwer. Erklären kann man's ohnehin nicht. Zoologen mögen's versuchen, Musikwissenschaftler, Lautspektrographen und Sonagrammatiker, Anthropologen oder Senior Researcher for Intercultural Studies. Aber wir?

Einen Vogel zum erstenmal zu sehen ist für den, dem die Gefiederten etwas bedeuten, stets speziell, auch wenn es sich um ein unscheinbares Exemplar oder eine besonders gräßliche Spezies handeln sollte. Irgendwann stellen sich jedoch Vertrautheit, Gewöhnung, Kenntnis, Ennui ein. Wer zum dreitausendsten Mal den Mäusebussard rufen hört, kann ein Gähnen nicht unterdrücken, und der Zilpzalp wird einem schon nach zehn Wiederholungen fad, vielleicht sogar nach drei. Aber der Ruf des Brachvogels?

Auf der Insel, wo wir ihn zum erstenmal sahen, haben wir ihn auch in den folgenden Jahren immer wieder gehört. Während man mit dem Rad die Küste entlangfährt, weht er plötzlich heran. Er ist fern, der wechselnde Wind verteilt die Töne in verschiedene Richtungen, zerteilt sie wie Gischt, trägt manche aufs Meer hinaus, läßt andere landeinwärts fallen, doch immerzu ist es vernehmbar, das stets von neuem ansetzende Rufen, das ein Flöten ist und ein Singen, Altstimme und Tenor, sanft und zuversichtlich.

Wir setzen uns auf eine Bank und suchen mit dem Fernglas die Landschaft ab, und es braucht Minuten, bis ihn erst H. entdeckt und bis wir ihn dann gemeinsam ausfindig machen, den einen, den anderen, die Eltern, die über ein Wiesenstück schreiten und mit ihren Jungen nach Insekten suchen. Oder was immer da vor sich geht.

Der Ruf ist Kommunikation. Auch Spatzen und Elstern rufen, Dohlen verfügen über ein weit vielfältigeres Lautäußerungsspektrum, Meisen sogar über eine Grammatik, Buchfinken über Dialekte. Der Lautvorrat des Brachvogels hingegen ist übersichtlich. »Cour-lii«, notiert der Svensson, »Vi-vi-vu« und »Oo-ot, oo-ot, trru-ee, trrru-eel«. Doch was heißt das schon?

Zwei Tage später können wir es überprüfen, an einem anderen Abschnitt der Küste: Ein weiteres Paar mit Jungen auf einem mit kurzgebissenem Gras bedeckten Hügel, der sich um eine feuchte Senke legt, die Sonne gießt Gelb ins Graublau des Himmels, während einer der Elternvögel sich wieder und wieder erhebt, kurz über der Landschaft kreist und sich erneut zu den Seinen hinunterfallen läßt, begleitet von auf- und absteigenden, lauter und leiser werdenden Tönen. »Flüih« steht im deutschen Bestimmungsbuch, »Chrrüi«, »Tü-tüi-tüi« und »Guug-guug-guug«.

Es ist Abend. Wir bleiben, bis die Dämmerung die Vögel verstummen läßt. Doch stumm ist der Brachvogel nie. Zuletzt begegnete er uns in Frankreich, an einem der Salzseen im Süden, am Ufer, in der Mittagshitze, die Füße im abtrocknenden Schlamm. Man konnte, da ein Regenpfeifer in seiner Nähe saß, sehen, wie groß er war, seine schlanke Form, die leicht angewinkelten Beine, die knopfrunden Augen, das weiß eingefaßte Braun und Schwarz des Gefieders, Flecken und zarte Linien.

Fast regungslos stand er da, weder wartend noch Ausschau haltend, noch dösend. Nach wenigen Minuten erhob er sich und verschwand ohne einen Laut. »Und das war alles.« (Baker)

DREI ARTEN, EINEN REGENPFEIFER ZU SEHEN

Eine Nordseeinsel, eine Beobachtungshütte, einer jener Holzverschläge, von denen aus man ungestört und ohne zu stören Vögel betrachten kann. Vor dem Bau flaches, mit Gras beflaumtes Land, eine Senke, in die Wasser gelaufen ist. Das Ufer noch schilflos, sandiger Boden, zum Teil von Kieseln bedeckt. Wir packen das Fernglas aus und schauen durch die Schlitze in der Wand.

»Da, ein Graureiher, klar, links dümpelt ein Bleßhuhn, und schau mal: die Enten, und könnten Schnepfen sein da hinten, ja, und sonst, hm, guck mal, was ist das denn da vorne, wo?, da!, ach ja, schau mal hier, du gehst vom vorderen Ufer aus an den Knick und dann nach oben, da sucht einer zwischen den Steinen, mit Schwarz am Kopf, wippt und pickt 'n bißchen, hä?, wo?, ah ja, da ist er, hab ihn!, mal sehen, Wahnsinn, wie klein der ist, auf jeden Fall ein Regenpfeifer, laß sehen, helle Beine, fast rosa, braune Flügel, weiße Brust, Schnabel dunkel, weißer Hals und, äh, gelber Augenring, Sandregenpfeifer?, möglich, nein, Quatsch, Flußregenpfeifer, kann ja nur, obwohl, vom Biotop her geht beides, oder, nein: Fluß!, wegen der Augen, ob der auf Durchreise ist?, keine Ahnung, mußt du doch wissen, magst du noch mal?, ja klar, jaaha, ja, echt super, hab' ich noch nie gesehen, den, klar, ist ja auch selten, soweit ich weiß, hieß in den Achtzigern doch schon, der ist bedroht, glaube ich, guck mal, wie fein gezeichnet der ist, wie zart …«

Ein Paar gesellt sich zu uns, zwei Mittdreißiger in Outdoorkleidung. Sie stellen ihre Elektroräder ab und schauen mit ihren Gläsern kurz in die Landschaft. »Uferschnepfe, Reiherente, Stockente«, sagt der eine. »Bergente, vielleicht. Flußregenpfeifer, Graureiher, Rohrweihe, Bleßralle. Das war's.« Dann sitzen sie wieder auf und ziehen ab.

Wenig später kommt ein älterer Mann vorbei, der Olivgrün und Grau trägt und etwas Blau, Schirmmütze, ein Tuch um den Hals, ein Einheimischer. Er fragt, was wir gesehen haben. Während er mit schnellen Handgriffen sein Spektiv aufbaut, erzählt er vom Vogelbeobachten, von der Insel und der Veränderung der Landschaft in den vergangenen Jahren. Wir sprechen über die Bestandsentwicklung des Kiebitzes, bis er uns durch sein Glas blicken läßt. Überdeutlich ist der Regenpfeifer im Ausschnitt zu sehen – wie er mit kurzen, schnellen Schritten über den blanken Boden läuft, innehält und den Schnabel zu Boden senkt, etwas verlassen wirkend, umgeben von Licht.

Wortlos folgen wir seinen unruhigen, gleichmäßigen Bewegungen. »In zwei Jahren ist das alles zugewachsen«, sagt der Mann. »Dann ist er weg.«

UNGERUPFT

Rabe und Adler [...] sind Freunde, da auch der Rabe den Habicht bekämpft. Daher kommt er dem Fuchs, wenn er geschlagen, zu Hilfe.
ARISTOTELES

Im Spätwinter und im Frühjahr war er fast täglich zu hören, meist aus nordwestlicher Richtung: der zu Beginn leicht aufsteigende, dann auf einer Tonhöhe stagnierende, quietschende, mechanische Stakkatoruf, der am Ende manchmal wieder abfällt, durchdringend, warnend, Abwehr oder Angriff signalisierend, oder er ertönte, die Balz entscheidend voran- und alsbald zum Abschluß zu bringen.

Unweit, hinter den Vorderhäusern und wahrscheinlich in, über und zwischen der Baumdoppelreihe, die die Allee ziert, trieben sich zwei Habichte herum, formvollendete, aristokratische Greife.

Zu Gesicht bekommt man den blutrünstigen, hinterhältigen Nahkampfkönig lediglich mit ungeheuer viel Glück und für wenige Augenblicke, um eine Ecke bretternd oder bodennah dahinjagend. Nur noble Geflügelhalter und großmütige Taubenzüchter machen diesbezüglich andere Erfahrungen, wenn sie *Accipiter gentilis* mit dem Schießgewehr auflauern und ihn hinwegbefördern.

Gesehen haben wir unsere Stadthabichte nicht, und seit Wochen schweigen sie. Daß Habichte peu à peu urbane Räume besiedeln, verwundert nicht wenig, denn nicht ohne Grund sind sie ausgesprochen menschenscheu. Die lange (und fortdauernde)

Geschichte ihrer Verfolgung hat den schönen Vogel noch mißtrauischer werden lassen, als er von Natur aus ohnehin ist.

Nun darf man ihm jedoch unter Umständen auch nicht allzusehr gewogen sein. Er sortiert zwar Ratten und Karnickel, Krähen und Tauben aus, läßt es dabei aber nicht bewenden und richtet zudem Drosseln, Stare, Goldhähnchen, Meisen und sogar andere Räuber seiner Klasse hin, etwa den unantastbaren Rotmilan und seinen eigenen kleinen Bruder (!), den Sperber.

In der holden Jahreszeit, im Frühjahr und im Sommer, unternimmt der üble Habicht noch dazu regelrechte Plünderungs- und Tilgungstouren. Fanatisch und systematisch wie ein Geheimdienstler durchforstet er Büsche, Hecken und Bäume und meuchelt jeden Nestling, dessen er habhaft zu werden vermag. »Bei kleineren Vogelarten wird dabei häufig das ganze Nest mit Inhalt gegriffen, die leeren Nester sind dann häufig an den Rupfplätzen zu finden«, informiert das Internet.

Davongekommen ist unser Hausrotschwanz, der uns seit Jahren ab und an am Fenster oder auf dem Balkon besucht. Er hockt sich vor uns aufs Gesims oder neben uns auf den Plankenboden, und wir, man mag uns für geistig erledigt halten, plaudern mit ihm, in einem leisen, hoffentlich freundlichen Tonfall, wir loben ihn und schmeicheln ihm ein wenig, und er, das hektische, ewig erregte, umtriebige Wirbelknäuel, bleibt still bei uns sitzen, kein »Tuk« und kein »Sit« läßt er vernehmen.

Er ist davongekommen, bis dato, ungerupft, vor allem weil Hausrotschwänze ihre Nester in der Regel in optimal geschützten Nischen bauen. Vor ein paar Jahren brüteten die Racker in einem kleinen Gewächshaus in unserem Hinterhof, an einem wärmeisolierten Idealstandort. Das Gewächshaus ist verschwunden, die Kübelbäume, die daneben standen, sind verdorrt.

Davongekommen ist er, ungerupft, bis dato, und Anfang Juli flog er wieder einmal herzu, nahm auf einem häßlichen Aluminiumgestell einer Markise Platz, das an der Grundstücksmauer direkt neben dem Fenster lehnte, und lugte, anderthalb Meter vor unserer Nase, zu uns ins Arbeitszimmer hinein – ein adretter Kerl, ein Männchen, basaltgrauer Rücken, reifengummischwarze Kopfpartie, Schnäpperschnabel, die gesäumten Hand- und Armschwingen, der verschwenderisch weiße Flügelspiegel, der aufs angenehmste ins Auge stechende mildorange Schwanz.

Wir unterhielten uns. Das währte nicht lange. Gleichwohl, Habicht, dafür seien dir unser Dank und unsere Gunst gewiß.

UNSERE LIEBEN SCHWÄNE

Am meisten von allen Vögeln
fressen sich die Schwäne gegenseitig.
ARISTOTELES

Die Schwäne [...] sind genügsam und einfältig, gut zu ihren Jungen und werden recht alt. Den Adler vermögen sie zu besiegen, wenn er angreift; sie selber beginnen nie den Kampf.
ARISTOTELES

Freund Björn geht zum Angeln auch an den Main. Westlich der Innenstadt, die man streng zu meiden hat, seit die Lustbarkeiten am Fluß jedes Maß an verträglichem In-der-Welt-Sein übersteigen, schließt Griesheim an das Gutleutviertel an.

Dort sitzt Björn gern. Oft ist seine »verrückte Griechin« da, Roxana. Sie füttert die Enten und die Gänse und sammelt Dosen, Flaschen, Einweggrills und den Unrat ein, den die anderen Angler am Ufer verteilen. Dafür wird sie von ihnen beschimpft.

Rechter Hand durchschneidet die Staustufe Griesheim den Main. Drei aschgraue Wehrpfeiler wachsen aus dem Wasser. Auf halber Höhe führt ein hellblaugestrichener Steg für Fußgänger und Radfahrer hinüber nach Schwanheim.

Von dort kommen sie regelmäßig, junge, kräftige Kerle. Sie haben Leihfahrräder der Deutschen Bahn dabei, wuchten sie über die Brüstung und schmeißen sie unter Geschrei und hämischen Rufen auf die unter ihnen paddelnden Schwäne.

Wer braucht noch eine Theorie der Gesellschaft, um zu beschreiben, was los ist?

DÜNE

And so many that I have omitted.
NAN SHEPHERD

Über dem Sand der Ginster, stacheliges Buschwerk, unter der Hitze gehärtet, zwischen den Blättern Klapper- und Dorngrasmücken, Bluthänflinge sirren über die vom Wind geformten, überwachsenen Hügel, am Weg eine Grauammer, die singt, schmucklos und schön wie ihr Gefieder.

Von der Spitze eines Zweiges steigt ein Vogel auf, schwingt sich wenige Meter hoch und beginnt mit einem flirrenden Flug, der, sobald man wähnt, nun sei der Vogel in der Schwerelosigkeit angekommen, in einen steilen, fast senkrechten Fall übergeht, kreiselnd geht er zu Boden, begleitet von einem in dichter Folge vorgetragenen Trillern, Schlagen, Pfeifen und »Ziehen«.

Auf den Wegen sind wenige Spaziergänger unterwegs, und da der Vogel sich nicht gestört fühlt, gibt er seine Aufführung mehrfach zum besten. Sie ist auf ihre Art kunstvoll, aber viel zu kurz, und trotzdem drängt sich dir zunächst der Gedanke an die Feldlerche auf, die früher über den Äckern stand wie »ein Papierdrachen« (Lewis-Stempel), ein Eindruck, der offenbar zur Landschaft der Kindheit gehört, wie der Geruch und der Geschmack eines bestimmten Essens zu ihr gehören.

Du mußt dich erst schütteln, bevor dir klar ist: Dies ist eine andere Gegend. Das ist der Wiesenpieper.

*

In den Wiesen hinter den Dünen trifft man ihn nicht, dafür aber die Austernfischer. Sie tolerieren sogar die Bewirtschaftung des Landes, scheinen selbst zwischen dem fetten Gras auf den Viehfutterproduktionsflächen noch etwas zu finden. Manchmal sieht man sie zwischen Kühen und Schafen auf dem Boden sitzen, als brüteten sie, meist jedoch mit ihren langen Schnäbeln im Boden stochern.

Muscheln, Schnecken, Krebse, die Hauptnahrung des Austernfischers, dürfte es hier kaum geben, aber der Vogel wird schon wissen, was er tut. Ebensooft trifft man ihn als Paar oder in kleinen Gruppen an, übers Land strebend, davoneilend, vielleicht Richtung Küste.

Makellos schön ist er mit seinem schwarz-weißen, klar kontrastierten Gefieder, den zartrosa Beinen, Schnabel und Augenring in Hummerrot. Im Flug kommen das lichte Grau unter seinen Schwingen und die schlanke, nach vorne strebende Form der Watvögel zum Vorschein.

Einst wegen der Zerstörung seiner Biotope, der Bejagung und des Sammelns seiner Eier recht selten, scheint es ihn hier fast im Überfluß zu geben. Ein Durchschnittsvogel. Ein Postkartenpapagei. Bitte auch noch Briefmarken. Und 'ne Cola. Die Rufe klingen so sehnsuchtsvoll wie jene vieler anderer Regenpfeiferartiger, aber nicht zweiundsiebzigtausendmal am Tag. Eine Nordseeurlaubtonkonserve?

Noch in der Dämmerung fliegt er. Man liegt auf dem Bett, durch die offene Balkontür schiebt sich kühlere Luft herein, die Geräusche der Urlauber werden schwächer, ein Nachtblau legt sich über die Welt, und dann zieht ein Austernfischer übers Haus, nur zu erkennen an seinem Ruf – »Huiiit-huiiit-huiiit«, schnell wie ein Flügelschlag. Und jeder Gedanke an Gewöhnlichkeit ist verflogen. »Huiiit-huiiit-huiiit.« Zweiundsiebzigtausend und einer.

*

An einem vor einigen Jahrzehnten entstandenen Binnengewässer hinter dem Deich kann man verläßlich jedes Jahr eine Seeschwalbenkolonie besuchen. Auf einer sandigen, mit kleineren Steinen bedeckten, teils bewachsenen Insel, die kaum größer zu sein scheint als ein Fischerboot, haben sich Hunderte, nein: Tausende Brutpaare niedergelassen, wenig mehr als eine Handlänge zwischen ihren Nistmulden – eine Dichte und Intensität wie auf einer von Möwen, Lummen, Tölpeln oder Tauchern besetzten Klippe, eine Aktivität wie in einem Insektenstaat.

Immerzu fliegen und kreisen Dutzende Vögel über der Kolonie, bevor sie zwischen den am Boden sitzenden Artgenossen niedergehen, um zu füttern. Die Insel wird überwölbt von einem einzigen Flattern und Flügelschlagen und eingehüllt in die nie abreißenden Rufe der Vögel.

Seeschwalben seien toll, sagt ein Freiwilliger, der hier als Vogelscout aushilft, aber ohne sie schliefe man besser. Doch wenn man hier steht, hier bloß steht, die Kolonie vor Augen und nur auf die Laute der Seeschwalben achtend, ist es fast, als schliefe man. Die Zeit dehnt sich, die Empfindungen sind intensiv wie in einem Traum.

Man muß genau hinsehen. Auf der Insel leben mehrere Seeschwalbenarten. Das struppige Kopfgefieder, die robuste Gestalt und der graue Schnabel immerhin weisen eindeutig die Brandseeschwalbe aus. Wie identifizieren die Vögel in all dem Schwarz, Weiß und Grau ihre Partner und Jungen? Welche Rolle spielen Sehen und Hören? Wie nehmen sie Fühlung auf, wie verteidigen sie ihren Platz innerhalb der Kolonie? Was wird hier mitgeteilt?

Die Brandseeschwalben, die im Minutentakt anfliegen und wieder starten, streben in gerader Linie über den nahen Deich hinaus aufs Meer, als würden sie vom Wind gezogen – ein permanentes Gehen und Kommen, landauswärts, landeinwärts. Ihr innerer Antrieb scheint nie zu erlöschen. Diejenigen, die von weit draußen zurückkehren und ihre Ankunft mit etwas schrillen, quietschenden Rufen ankündigen, tragen silbrige Fische in den Schnäbeln, Sandaale und Heringe vermutlich, so zurechtgelegt, daß sie der Wind nicht erfaßt, daß sie keinen zusätzlichen Widerstand bieten, der nur mehr Einsatz jener Kraft erforderte, die offenbar doch nicht unerschöpflich ist.

Man kann dem schimmernden Fisch folgen: wie er vom Vogel mit kräftigen Schlägen zur Kolonie getragen, im Rachen des bettelnden Jungvogels verstaut und von diesem dann hinuntergeschluckt wird. Unordentlich wirkt das Gefieder des Nestlings, es braucht seine Zeit, bis er die Färbung und die schlanke Erscheinung der Eltern angenommen hat.

Der Altvogel ruft und antwortet seinem wartenden Partner, schreit, quatscht, bleibt einen Augenblick sitzen, schaut sich um, der Wind fährt durch den Schopf an seinem Hinterkopf, und schon schwingt er sich, den fordernden Stimmen der Jungen folgend, wieder in die Luft, läßt sich von den Strömungen über den Deich hinaustragen, den Blick nach unten gerichtet, auf den nächsten Fisch.

Abends in den Dünen auf der anderen Seite der Insel sehen wir sie immer noch fliegen und jagen. Möwen sind schon elegant, sagt man sich, aber was sind sie verglichen mit den Seeschwalben? Die wirken »lichtdurchlässig« (Burke) und so papiern, als könnte sie jederzeit eine Bö greifen und wegschleudern. Doch sie bleiben stets Herr der Lage. Superlative kommen einem in den Sinn, Begriffe aus der Aerodynamik und der Luftfahrt. Also läßt man lieber ab von der Sprache.

Es reicht der Augenschein. Schnell gleiten sie aufs Meer hinaus, dann wechseln sie fließend in den Rüttelflug, stehen mit hocherhobenen Schwingen kurz über der Wasseroberfläche und stürzen mit angewinkelten Flügeln hinab, eine kleine Kunstspringerfontäne zwischen den Wellen, und schon tauchen sie wieder auf, up in the air, in the blink of an eye.

Nach wenigen Versuchen zieht die Seeschwalbe mit der

Beute im Schnabel von dannen, heim zur Kolonie. Da mitfliegen. So ein Fisch wollte man mal sein.

*

Von der Aussichtsplattform aus sehen wir einem Hundebesitzer bei seinem Abendspaziergang zu. Das Haustier, von der Leine gelassen, jagt und tollt durch die Dünen, Sand stäubt, und Vögel steigen auf wie aufgeschrecktes Wild, das aus der Deckung bricht. Wer könnte ihn aufhalten? Nur ein noch größerer Hund.

Am Wasser ist rotweißes Flatterband gespannt, auf den von der Ebbe freigelegten Sandflächen rasten ein paar Möwen und Brandenten, Strandläufer, Regenpfeifer und Rotschenkel laufen umher und stochern ab und an im feuchten Boden – in gebotener Entfernung. Auf dem Rückweg kommen wir an einer Uferschwalbenkolonie vorbei, die Vögel scheinen ausgeflogen zu sein. Davor, in den Sandboden gerammt, ein Schild – Bittebittebittebittehaltensieabstand.

*

Wenn abends der Seewind über den Deich fegt, durch die Dünentäler fährt, an Büschen und Bäumen rüttelt, so stark bläst, daß man Ohrensausen bekommt, verlieren viele Vögel die Stimme. Selbst das obligate Möwengeschrei wird dünn. Bis auf ein paar verwehte Töne lassen sie nichts vernehmen.

Eine Nachtigall ist fern zu hören, vom Rande eines Campingplatzes her. Dann ein Fasanenmännchen, das auf einem Hügel sitzt und ächzt und kräht. Es klingt wie ein »Räuspern« (*Collins Bird Guide*), und für einen Moment vergißt man den Wind.

*

Der rasche Flügelschlag der Watvögel, das atemberaubende Gleiten und Driften der Möwen und Seeschwalben, das muskulöse Vorwärtsstreben der Enten: Nach wenigen Tagen vermag man die typischen Formen der Fortbewegung zuzuordnen, man ist vertraut mit ihnen. Um so mehr fallen einem dann die Weihen und ihre Art auf, mit dem Wind umzugehen, die Wucht der meist steifen Brise aufzufangen und für sich zu nutzen.

Kornweihen sind auch hier nicht leicht zu beobachten, doch Rohrweihen zeigen sich vergleichsweise oft. Von der Landstraße aus sind sie mit ihren weit ausgebreiteten, aufgefächerten Schwingen und den nach oben zeigenden Flügelspitzen gut zu erkennen. Sie treiben schaukelnd und gaukelnd durch die Luft, mit kleinen, wie selbstverständlichen Steuerbewegungen auf das Flattern und Reißen des Windes reagierend.

Über dem Agrarland, in dem wir als Kinder nach den Vögeln schauten, war dergleichen nicht zu gewahren. Die Flugkunst des Bussards ist weiß Gott eine andere, und der Rotmilan, der einen ebenso lässigen wie anmutigen Gleitflug beherrscht wie die Weihen, war damals höchst selten zu sehen.

Wann immer wir Zeit haben, bleiben wir stehen und schauen ihnen nach. Greifvögel sind in der Luft, weil ihnen das Fliegen gefällt. Doch nach jahrzehntelangen Forschungen spricht nicht wenig dafür, daß es dabei auch ums Beutemachen geht. Das Fliegen ist Ausschauhalten. Der Blick der Rohrweihe streift über die Wiesen, über Ried und Rohr, übers hochstehende Gras, in dem sich Wasservögel, Kleinsäuger und Singvögel verkriechen und drücken, in dem sie fiepen und verstummen. Einem der Tiere wird die Stunde schlagen, irgendwann. Doch nie haben wir einen der Greifvögel hinabstoßen sehen.

*

Neben dem Radweg, in einem von Schilf gesäumten flachen Gewässer, eine Wasserralle, erdfarben und steinblau, so schön und scheu wie eine Heckenbraunelle. Kaum, daß wir ihren Kopf, den gestreckten Hals, einen Hauch des Bauches gesehen haben, verschwindet ihr Körper schon wieder im Schattengeflecht der Halme. Nur zu ahnen sind die bedachten, vorsichtigen Bewegungen, mit denen die Ralle sich durchs Wasser tastet.

Ein Gehen wie auf Eierschalen, denkt man. Da ruft der Vogel – wie ein gerade geworfenes Ferkel.

*

Im Süden der Insel, weitab vom Badebetrieb, nimmt die Dünenlandschaft diskrete Formen an. Die schmalen sandigen Wege führen tief zwischen übermannshohe Hecken hinein, die kaum einen Luftzug durchlassen. Beinahe windstill ist es hier. Um so intensiver nimmt man deshalb die Vormittagswärme wahr und die Gerüche der Gräser und Büsche und von Holz, von gegerbten Blättern, von geöffneten Blüten. An einem kahlen Ast haben Bienen ihr Nest aufgehängt. Das tiefe, tremolierende Summen der Insekten ist fast alles, was man hört, abgesehen vom plätschernden Gesang einer Grasmücke.

Fast ist es wie in einem Kinderversteck, weitab von der Hochhaussiedlung – hier kommt niemand hin.

Vom großen stürmischen Seepanorama ist wenig zu erahnen. Den Elementen ausgeliefert ist kein Schwein. Selbst die drei Möwen, die kurz im Himmelsspalt über dem wuchernden

Buschwerk auftauchen, geben kaum einen Laut von sich. Einen Moment lang scheinen sie in der Luft zu stehen, unter der Sonne baumelnd wie ein von unsichtbarer Hand aufgehängtes Mobile.

Einige hundert Meter weiter öffnet sich die Dünenlandschaft zu einem ebenfalls dicht in Vegetation eingehüllten See. Eine Schar Gänse liegt auf dem Wasser gleich einer Schiffsflotte, die eine Flaute zum Ankerlassen verurteilt hat. Ein Adler könnte hier Rast machen. Er zeigt sich nicht.

*

In der Nähe leben weitere Koloniebrüter: Kormorane – und Löffler. Die hochaufgeschossenen, weißgefiederten Vögel sind häufig an den Gewässern im Inneren der Insel zu sehen, wie sie, mit Füßen und Schnabel tief im Wasser, den Kopf wie ein »Pendel« (Westphal) hin und her bewegend und dabei vorwärtsschreitend, nach Nahrung suchen, nach Krebs- und Weichtieren, kleinen Fischen, Fröschen. Fast doppelt so groß wie ein Säbelschnäbler ist der Löffler, doch ähnlich elegant.

Die einige hundert Paare umfassende Brutkolonie – eine von mehreren auf der Insel – ist vom Aussichtspunkt nicht einzusehen. Am gegenüberliegenden Seeufer lungern Kormorane herum, antriebslos und schlechtgelaunt, aufgereiht auf kahlen Ästen, in abgestorbenen, mit Kormorankot besudelten Bäumen.

Viel mehr geschieht nicht. Plötzlich aber bemerkt man die Löffler. Linker Hand fliegen sie auf den See zu, kaum mit den Flügeln schlagend, allmählich hinuntergleitend auf die Höhe des Wasserspiegels, zu den im Schilf errichteten Nestern – die langgestreckten Vögel, einzeln herabsinkend, leise wie Segelflugzeuge, im Kehlsack die Nahrung für den Nachwuchs. Es ist dasselbe Geschäft wie jenes der Seeschwalben, und doch wirkt es völlig anders. Nicht zu sagen, was schöner ist.

*

Am Abend während des Dauerlaufs ins Land hinter den Dünen sind es wieder die Sing- und Watvögel, die einen begleiten. Ein asphaltierter Weg, Radfahrergebimmel, Familien auf dem Weg vom Eiscremeparadies nach Hause, im Licht der schrägstehenden Sonne nehmen die Brachen und Kräuterwiesen links und rechts der Straße kräftige, fast künstliche Farben an: rostschutzfarben, blaugrün, chromgelb.

Zwei Vögel, die in der Nähe eines Wassergrabens campiert haben, fühlen sich durch deinen Lauf gestört, machen zunächst einige aufgeregte Schritte zur Seite und fliegen dann auf. Dicht nebeneinander folgen sie für kurze Zeit deinem Weg, als eskortierten sie dich aus der Gefahrenzone, und kreuzen schließlich die Straße.

Vom aufgefrischten Wind gebremst, stehen sie über dir einen Augenblick lang in der Luft, vier Meter über dir vielleicht, dicht vor dir ihre backsteinrote, beim Männchen besonders leuchtende Brust, das helle, mit braunen Bändern dicht überzogene Bauchgefieder, die eng aneinandergelegten graphitgrauen Beine, der filigran gezogene orangene Schnabel, der aparte Strich unterhalb der Stirn, die dunklen Augen.

Nicht du schaust sie an, sie schauen dich an, und dann drehen sie ab, begleitet von schnellen, eindringlichen Rufen: »Weedy-whit-o, weedy-whit-o, wheedy-wheedy-whee.« Ein betäubend intensiver Moment, beinahe wie damals, als du, nicht einmal zehnjährig, zum erstenmal einen Kiebitz gesehen hast. Doch das hier ist eine andere Gegend. Dies ist: die Uferschnepfe.

BAGGER

Weil die Menschheit wenig oder zuviel mit sich anzufangen weiß, kursieren seit langem Theorien darüber, daß die Wahrnehmung der äußeren Welt grundsätzlich oder notwendigerweise einer Täuschung unterliege, Lug oder dunkler Selbstbetrug sei, erkennbar sei die materielle Wirklichkeit nicht, mutmaßlich gebe es sie auch gar nicht. Kant könnte man, cum grano salis, nennen, Schopenhauer sowieso (ihn allerdings unter Berücksichtigung des merkwürdigen Widerspruchs zu seiner Philosophie des Mitleids).

Lenin hat mit diesem Unsinn aufgeräumt, nach ihm noch einmal Adorno. Dessenungeachtet rennen unvermindert Kohorten von Konstruktivsten herum, die behaupten, das Physische sei nichts anderes als der Ausfluß des Geistes, der Sprache, Ein-Bildung, Hinein-Bildung in etwas, das nicht existiere. Heilige akademische Dummdreistigkeit, die in Lohn und Brot setzt.

Nebenan betreibt man seit Wochen eine unendlich sinnlose Baustelle. »Ääährüüüüüräääääh«, so röhrt es den lieben langen, von Gott geschenkten Tag zu uns herüber. Der Baggerfahrer fährt den Schaufelarm aus, versenkt die Schaufel im Boden, die Schaufel greift ins Erdreich, der Schaufelarm schwenkt nach oben, dreht sich zur Seite und legt seine Fracht ab, mit der er zwei Stunden später die Grube wieder verfüllt.

Manchmal fahren diese Bagger ein paar Meter, werden gewendet und in eine neue Position gebracht, um ein weiteres bedeutungsvolles Loch auszuheben, und bei diesem sehr zu begrüßenden Vorgang quietschen die Ketten der Bagger in einem Hochfrequenzbereich.

Neulich hielten wir das Quietschen des uns ans Herz gewachsenen Baggers in der Nachbarschaft einige Augenblicke lang für eine Strophe des Gesangs eines Rotkehlchens. Sie kennen den Gesang des Rotkehlchens? Die scharf konturierte, metallische und zugleich sprudelnde, spottende und zugleich gequetschte, hämmernde und zugleich schnatternde Tonfolge?

Hatte uns unser Kopf betrogen? Nein. Kleist schreibt: »Wir sehen, daß in dem Maße, als, in der organischen Welt, die Reflexion dunkler und schwächer wird, die Grazie darin immer strahlender und herrschender hervortritt. [...] So findet sich [...], wenn die Erkenntnis gleichsam durch ein Unendliches gegangen ist, die Grazie wieder ein; so, daß sie, zu gleicher Zeit, in demjenigen menschlichen Körperbau am reinsten erscheint, der entweder gar keins oder ein unendliches Bewußtsein hat, das heißt in dem Gliedermann oder in dem Gott.«

ZUSCHRIFT

»Der Bachstelzerich führt hier Tänze auf, vor seiner x-ten Liebsten, das müßtet Ihr sehen. Für eine siebzehnte Strophe.«

LETZTE MAUSER

Für Stefan Gärtner

Das Unglück ist, daß es so weitergeht. Das Unglück ist, daß immer weniger Vögel zu sehen und zu vernehmen sind. Das Unglück ist, daß die Zeitungen jeden Tag melden, wie die Korallen und die Insekten und die Säuger und die Tiefseefische sterben, und daneben steht geschrieben, welch großen Spaß es mache, den neuen Audi zu fahren, und nicht mehr in den Urlaub zu fliegen, das sei ja nun auch keine Lösung, denn der Tourismus verbinde die Menschen, während die Welt verreckt, und so geschieht nichts.

Das Unglück ist, daß dauernd etwas passiert und nichts mehr ist. Das Unglück ist, daß nichts mehr sein darf, wie es beschaffen ist. Das Unglück ist die Sprachlosigkeit inmitten des tosenden und schäumenden Meeres des Geredes.

Das Unglück ist, daß die Kanzlerin Sommerinterviews gibt und darüber ernsthaft debattiert wird, und die Blaukehlchen sind weg. Die Kanzlerin, die austauschbare barbarische Angestellte im Dienste der Ausschlachtung, die sich angeblich zivil geriert, zittert, eine Kriegshetzerin von ihren Gnaden lenkt Europa, *taz* und *Süddeutsche Zeitung* jubilieren, und das Draußen west im Modus »stumm« vor sich hin und siecht dahin.

Dahin, dahin. Die Arktis brennt, Portugal flammt, die Forste verdursten, die Bäume geben auf, der letzte Waldlaubsänger verabschiedet sich. Waldlaubsänger – was für ein Name. In ihm klingt an, was das Gegenteil des Unglücks wäre. Haben Sie schon einmal einen Waldlaubsänger singen gehört? Sie werden die Gelegenheit nicht mehr haben.

Das Unglück ist, daß um 20 Uhr die *Tagesschau* kommt. Das Unglück sind die Menschen am Tresen, sie wissen es und würfeln.

Das Unglück ist, daß die Seidenstraßen und die Autobahnen ausgebaut werden. Das Unglück sind die Gärten in den Vorstädten und die digitalisierten Fluren. Das Unglück ist alles, was man sieht und hört, die Radioprogramme und die Leute sind das Unglück, und man kommt nicht raus, wohin denn?

Das Unglück ist, daß keine Musik mehr komponiert wird und keine Gedichte mehr geschrieben werden. Das Unglück ist, daß du nicht mehr schlafen darfst und daß dich, wärst du irgendwann eingeschlafen, keine Amsel mehr weckt.

Das Unglück ist, daß es funktioniert.

Wann endlich, wann mausert sich die Menschheit?

Es wäre an der Zeit, die sie nicht mehr hat.

Es ist aus.

VOR DEM FENSTER

Wie Ungeheuer seien die Bäume, sagt der schmerbäuchige Mann, mit einer gewissen Befriedigung auf den Arbeiter neben ihm schauend, der gebückt in der Erde wühlt.

Viele Briefe an die Stadtverwaltung hatte er geschrieben, bis der Bauhof endlich anrückte. Das Ein- und Ausparken falle so schwer. Nichts könne man sehen, vor lauter Baum.

Es sind Hubbel auf dem Gehweg, sagt er, er, der selten zu Fuß geht, mehr Auto fährt und viel Breitwandfernseh' schaut. Aber nicht diesen Umweltschützerscheiß.

Nun sollen Wurzeln gekappt, Kronen beschnitten werden. Andere in der Straße klagen über Laub, über den Dreck, über die Früchte der Baumhaseln, die bei Wind und schwerem Wetter herabregnen und im Herbst die Straße übersäen. Eine Woche Kehrarbeit, Minimum. Doch wie jede deutsche Stadt hat auch diese ein Umweltamt, befugt, das Unvermeidliche noch einige Jahre hinauszuzögern.

Wo kein Wald, sieht man die Bäume. Die Baumhasel, vor der der Bauhofmitarbeiter just kniet, beherbergt übers Jahr vielerlei Besucher, Tauben, Elstern, Sperlinge, Meisen, Stieglitze, Girlitze, Grünfinken, Amseln, Braunellen, Buchfinken. Ab und an kommt der Kleiber und selten ein Gartenbaumläufer vorbei.

Einmal blieb eine junge Frau unter einem der Bäume stehen und hob ein paar der heruntergefallenen Früchte auf, um sie mitzunehmen und etwas daraus zuzubereiten. Ob das erlaubt sei? Eine Familie, die bald wieder fortziehen mußte, fragte, ob es richtige Nüsse seien.

Der Buntspecht scheint dieser Meinung zu sein. Sein ähnlich aussehender Verwandter, der Mittelspecht, ist ein Kleinod, einem Schwarzspecht zu begegnen ist ein seltenes Geschehnis. Grünspechte hingegen suchen häufiger städtische Gärten auf, und die Bestandsentwicklung des Buntspechts verläuft offenbar in ruhigen Bahnen.

Trotzdem ist man überrascht, wenn man eines Tages Kollege Zimmermann vor dem eigenen Fenster erblickt, vielmehr hört. Denn das erste, was man zur Kenntnis nimmt, ist ein wiederholt ansetzendes, entschiedenes, gleichwohl temperiertes Klopfen. Danach erst entdeckt man im Baum seinen Umriß, den stabilen, gebogenen, an den Stamm geklemmten Schwanz, den langen Körper, den auf- und niedergehenden Kopf mit dem kräftigen »Black-&-Decker-Schnabel« (Deakin). Und wenn das Licht gut steht, leuchtet das Weiß der Wangen, des Bauchs und des Nackens auf.

Man sieht das Rot der Unterschwanzdecken und den schwarzen Glanz der Spechtkappe, die stets gut, fast brechtmäßig sitzt, so angestrengt er auch werkeln und schaffen mag. Vermutlich stammt er aus dem nahegelegenen Wald, wo man ihn im Frühjahr trommeln und im Mai zu Fuße eines in den Himmel ragenden Stamms seine Brut kickern hört.

Zuerst schien es uns, er komme nur sonntags zu den Baumhaseln in unserer Straße, in jenen Morgenstunden, in denen kaum ein Auto fährt und nur die Hundebesitzer müdigkeitsbedröhnt übers Pflaster schlurfen. Es ist ruhig, und Meister Specht hat Muße und Arbeit.

Ein Herbst- und Wintervogel ist er, denn die Bäume tragen lang und üppig, und wenn die Insekten rar werden, haben sie noch reichlich Nahrhaftes zu bieten. Doch er kommt auch in Frühjahr und Sommer auf eine Stippvisite vorbei, um sich Früchte zu holen oder Beute unter der brüchigen Borke des Baumes aufzuspüren.

Zunächst sucht er die Äste nach Nüssen ab, wobei er auch die äußeren Zweige der Baumkrone nicht ausläßt. Mit einer Leichtigkeit, die man ihm kaum zugetraut hätte, turnt er durchs Geäst, teils kopfüber hängend wie eine Blau- oder Kohlmeise. Dann trägt er die eingesammelten Früchte zu einer Astgabel, klemmt sie dort fest und öffnet sie mit gezielten Schlägen, einige Intervalle kräftiger Kopfnüsse, danach legt er sich die Werkstücke erneut zurecht und hämmert von neuem auf sie ein.

Bleibt man auf Abstand, kann man ihm, versunken in seine Tätigkeit, minutenlang bei seinen Verrichtungen zusehen. Bis man eine unruhige Bewegung macht und er zum nächsten Baum entschwindet, im arttypischen wellenförmigen Flug.

Einmal war das Klopfen ungewöhnlich laut. Der Buntspecht saß in einem Baum, die Krallen in die rissige Rinde gesteckt, und hieb wie ein Berserker auf den Stamm ein. Am Fuße des Baums fanden wir später die Rindenstücke, die er abgesprengt hatte. Unter anderen Haseln lagen zerbrochene Schalen und Nüsse, deren Panzer aufgemeißelt worden war.

Der schmerbäuchige Mann war nicht zu sehen. Irgendwas auf kabel eins.

AMYLLIS

Was 'ne Blume. Für nur zweifuffzich. Zwiebel dick wie 'ne Faust, Monsterstengel, dreivierfünfsechs Kelche, groß wie die Hände von 'nem Kind, reinstes Rosa, mit weißen Streifen drin, die Blüten komplett offen, innen pralles Grün, dann der Kelch, der Puder, der Blütenstaub, goldenem Glitzer gleich.

Wenn jetzt der Kolibri nich' antanzt, ich weiß nich'.

FLUGAKUSTIK

Das Geräusch, das die Flügel einer am Morgen vorbeifliegenden Taube machen: wie ein quietschender Keilriemen.

BEIM BETRACHTEN EINIGER PHOTOS VOM SCHÖNSTEN VOGEL DIESER BREITEN

Es loht die Kappe
Im Buchenwald,
Mann, halt die Klappe,
Es wird bald kalt.

So schweigen wir
Und schauen hin.
Seht da, das Tier!
Hat das denn Sinn?

Der Scheitel rot,
Das Kleid samtschwarz.
Ist er in Not?
Er sucht nach Harz.

Er pflegt die Brut,
Er hegt den Wald.
Sein Leib voll Glut,
Er ruhet bald.

VOGELSTILLE

Ohne die Peitsche der Konkurrenz
fangen die Menschen zu denken an!
MAX HORKHEIMER

Wir haben ein paar Bücher gelesen, aber wir wissen nicht, ob es eine Philosophie der Stille gibt.

Hat im »Westen« jemals jemand so genau über die Stille nachgedacht, daß danach wenigstens ein Essay über die Stille entstanden ist? Ein Text, der über nichts handelt und zugleich über alles? Denn ist es nicht so, daß wir unseres In-der-Welt-Seins nur vor dem Hintergrund des Nichtseins gewiß sein können? Wer wüßte, was Handeln ist, wüßte er nicht, was Nichthandeln ist? Wer vermöchte über den Gesang eines Vogels zu schreiben, kennte er die Abwesenheit des Gesangs eines Vogels nicht?

Es ist heute still in dieser Stadt im Westen der Republik. Die Klagen der bürgerlichen Zeitungen über das ausbleibende Wirtschaftswachstum sind laut. Der Verkehr scheint zu ruhen, vollständig, kein Auto, kein Zug, kein Flugzeug, auch kein Vogel – 14.07 Uhr laut Computeruhr, die Sonne scheint, man will nicht raus, man bleibt ruhig in seinem Zimmer sitzen –, kein Vogel läßt sich vernehmen, und nun erinnern wir uns an Gesänge, Schreie, Tonreigen und Flötkaskaden, am Watt und im Park, auf einem sachte hingelegten Vulkankegel in einem Mittelgebirge, die abgeworfene Bussardfeder im Haar der schönen Frau, den Katzenruf des Bussards im Ohr, die waren alle mal da, die gab es, die waren einfach da, einst, irgendwo da draußen, weit weg in der Zeit.

Wenn nichts da ist, ist die Welt ganz hier, auf einmal, Fülle des Lebens, vogelwilde Vogelstille.

Die Stille muß einen eigenen Willen haben. Mitteilen mag sie uns das nicht, auch nicht über die Presse.

DER FISCHDIEB

An einem frühen Morgen siehst du unterhalb der Brücke einen Haubentaucher, seinen struppigen Schopf, prachtvoll die bronzefarbenen Wangen vor dem Grau des Kanals. Weit und breit kein Schilf, kein Schutz, doch er paddelt unbeschwert voran, als ob nichts ihm droht.

Als du den Photoapparat hebst, um ihn aufzunehmen, schnellt er nach vorn und verschwindet im Wasser. Wie er wieder auftaucht, hebst du den Photoapparat, wie du den Photoapparat hebst, verschwindet er wieder.

Später, da du die Speicherkarte ausliest, findest du sieben Bilder von trüber Brühe.

AN DIE BARBAREN

Bauern fürchten Biotope auf Streuobstwiesen –
und fällen ihre Bäume.
SÜDDEUTSCHE ZEITUNG, 15. Mai 2019

There is trouble with the trees.
RUSH: »The Trees«

Ihr, Obstbauern in Oberfranken,
Habt, entnehmen wir der Zeitung,
Tausende hochstämmige Bäume gefällt,
Weil euch das durch ein Volksbegehren bekräftigte
Ansinnen nicht gefällt, das, was noch da ist, zu
Schützen.
Ihr, Obstbauern aus Oberfranken,
Habt Tausende Bäume gefällt,
Damit eure Streuobstwiesen
Nicht unter Schutz gestellt werden können.
Denn was weg ist, ist weg,
Und das rechnet sich.
Ihr, Obstbauern in Oberfranken, habt die Bruten der
Gartenrotschwänze geschändet und zerstört, ihr
Habt die Käuze vertrieben und die Spötter
Davongejagt, denn
Das rechnet sich.
Ihr, Obstbauern aus Oberfranken, werdet
Zur Rechenschaft gezogen werden.
Es wird gerächt werden, was

Ihr getan. Ihr werdet verdammt, ihr
Werdet eingesperrt,
Ihr elenden Hurensöhne,
Ihr Bolsonaros.
Fluch über euch für alle Zeiten.

EINE AMSEL BEGRABEN 1

Summertime, living seems easy. Eine Nordseeinsel, Strand, die Wolken locker über den blauen Himmel gepustet, die Wiesen fast schwarz im Schatten, den die Wolken werfen. Wärme und Wohlgefühl, wenn man die Hand auf den Asphalt legt.

Da liegt sie auf dem Fahrradweg, vermutlich von einem Motorroller erwischt oder einem Rennradler, dem sein Tempo über alles ging. Der Körper ist zur Seite gekippt, der Rücken etwas verzogen, mit dem linken Flügel scheint sie sich abzustützen, die rechte Schwinge ist zur Hälfte geöffnet und abgespreizt, als gehorche sie ihr nicht mehr. Die Flügel zusammenfalten, die Federn unter die Fittiche nehmen, das, was Vögel millionenmal tun in ihrem kurzen Leben, ist ihr nicht mehr möglich.

Sie liegt auf der linken Bauchseite, weil sie ihre Füße nicht mehr tragen. Einer ragt unter dem immer noch runden Bauch hervor. Ein Männchen, im Sonnenlicht wie Seide glänzend. Im Nacken ist das Gefieder durcheinandergeraten, aufgerauht, durchsichtig. Tausend Bilder hat man bereits gesehen von abgeschossenen und erlegten Vögeln, von Raubtieren mit Beute im Maul, von Habichten und Falken, die ihre fliegenden Genossen zerrupfen. Doch die wenigen, unglaublich kleinen Blutstropfen, die sich auf den Federn dieses Vogels verteilt haben, sind etwas anderes.

Die Amsel hat den Schnabel geöffnet, vielleicht weil sie tut, was ihresgleichen tut bei großer Hitze: hecheln, um Wärme loszuwerden. Vielleicht auf Grund der Schmerzen, weil dieser Körper keine rechte Kontrolle mehr über sich hat.

Wir stellen uns ihren Atem vor. Als wir sie aufheben und aus der Sonne bringen wollen, regt sich ihr Fluchtinstinkt. Letzte

Kräfte fahren in Flügel und Beine. Sie kriecht und humpelt einen halben, einen Meter weit auf den Grasstreifen neben dem Weg, in den Schatten einer Hecke.

Während wir neben, während wir über ihr stehen, schaut sie uns mit ihrem rechten Auge an. Dann fallen ihre Lider wieder herab.

Es gibt nichts mehr zu tun. Hoffentlich wird einer anhalten und sie begraben.

AMSELLEBEN 1 (AUFSCHUB)

Daß die Selektion bereits im Nest beginnt, ist vielfach belegt. Viele Vögel legen mehr Eier, als sie Junge versorgen können. Wenn das Futter knapp wird, müssen die später Geschlüpften verhungern. Storcheneltern werfen bei Nahrungsmangel die schwächsten Küken aus dem Nest. Bei manchen Adlern darf der stärkere der Jungvögel selbst dafür sorgen, daß nur dem Fittesten die gebotene Aufmerksamkeit der Eltern zuteil wird. Er frißt seinen Konkurrenten auf. Kainismus nennt man das. Aber gilt dieser biologische Mechanismus auch für Amseln?

Schon die überschaubare Lebenserwartung der Schwarzdrossel erfordert eine umfangreiche Reproduktion, die nicht nur durch mehrere Bruten im Jahr sichergestellt wird, sondern auch durch durchschnittlich vier bis fünf Eier pro Gelege. In einem Wohngebiet wie dem unsrigen scheinen beschränktes Nahrungsangebot und der durch Menschen und andere Raubtiere verursachte Streß dafür zu sorgen, daß nicht mehr als drei Amseln großgezogen werden. Und trotzdem kommt es gelegentlich vor, daß wir junge Amseln auf dem Boden finden, die aus dem Nest gefallen sind, daraufhin der Beachtung und der Sorge der Eltern verlustig gehen – und ihres Lebens. Ist es Folge des Konkurrenzkampfes unter dem Nachwuchs oder nur Ausdruck jenes Ungeschicks, zu dem dieser Vogel zu neigen scheint?

Einmal klebte das Nest der Amseln in einem Ahornbaum – aus dem, als H. im Garten arbeitete, auf einmal etwas Dunkles, Kugelförmiges heraus- und zu Boden fiel. Als wir zwischen Holzstapel und Bodenbewuchs nachschauten, fanden wir ein Amseljunges mit etwas knittrigen Federn, das trotz des Sturzes aus drei Metern Höhe offenbar unversehrt war. Die Eltern riefen, stellten, irritiert, das Füttern ein, machten aber keine Anstalten, das Junge zu suchen, das seinerseits nicht in der Lage zu sein schien, seine Situation zu ändern. Schließlich hoben wir es auf, um es dort hinzusetzen, wo es sicher und für die Eltern sichtbar war.

Für jemanden, der Vögel beringt oder Wellensittiche für den Postversand fertig macht, ist das Routine, ein Griff. Doch wie oft haben wir schon einen Vogel in der Hand gehalten? Durch die dünne Schicht der Handschuhe spürt man die Wärme des Körpers und den Herzschlag. Das Wort vom Geschöpf kommt einem in den Sinn. Die junge Amsel ist verhältnismäßig gefaßt, nicht schockstarr, wackelt mit den Flügeln, kratzt ein wenig mit den Füßen und glotzt etwas blöde in die Umgebung. Fast scheint es, in der Hand gehalten zu werden sei ihr nicht unangenehm. Ein Mißverständnis vermutlich.

Wir setzen den Vogel auf das Dach eines Schuppens. Das dort herumliegende Gerümpel scheint er nicht wahrzunehmen, nicht einmal den Komodowaran aus Plastik, der den Knopf an Körpergröße und Gewicht deutlich übertrifft. Zu flüchten würde ohnehin nichts bringen. Die Amsel krabbelt ein paar Zentimeter vorwärts, legt sich dann auf den Bauch und wartet, zwischen Moos und Dachpappe. Sie hat noch die Weichheit, die leicht verlaufenen Formen, den groben Schnabel eines Jungvogels. Das Gefieder ist schon gut entwickelt, auch an den Flügeln sieht man bereits einige borstige Federn, doch an kahlen Stellen schimmert die Haut rosig.

Der Vogel gibt keine Laute von sich, um mit den Eltern Kontakt aufzunehmen. Ab und an sperrt er den Schnabel auf. Hat er den Eindruck, noch im Nest zu hocken, oder gibt er sich bereits seinem Schicksal hin? Vielleicht eine halbe Stunde lang beobachten wir ihn aus gebotener Entfernung – und die Altvögel, die wieder zum Nest zu fliegen beginnen, um nach dem Rechten zu sehen und weiterzufüttern – und dabei vermutlich nichts von dem verstehen, was passiert ist. Einer mehr oder weniger.

Also stelle ich eine Leiter an den Ahornbaum und klettere mit der Amsel in der Hand zum Nest hinauf. Panik, Kampf, Todesmut. Die Elterntiere tun das Äußerste, um mich abzuwehren und ihren Nachwuchs zu verteidigen. Ihre Alarmrufe schrillen fast schmerzhaft, der Amselhahn attackiert mich und fliegt mehrmals so dicht über mich hinweg, daß ich den Luftzug zu spüren meine. Im gedämpften Licht zwischen den Blättern finde ich schließlich, an eine Astgabel geklemmt, das Nest, darin zwei weitere Junge, die zunächst doof die Schnäbel aufreißen und sich dann, meiner gewahr werdend, ducken. Sie sind ebenfalls weit entwickelt und füllen die Kuhle zwischen den verflochtenen Halmen fast zur Gänze aus. Doch als ich ihren Bruder oder ihre Schwester in das Nest setze, sinkt sie, sinkt er nach ein wenig Geruckel und allseitigem Geflatter zwischen die beiden anderen.

Es dauerte, nachdem wir die Leiter weggenommen hatten, ein wenig, bis die Panik und die Todesahnung abgeklungen waren. Die Pausen zwischen den Alarmrufen wurden länger, und auf einmal merkte man: Das Schimpfen hatte aufgehört. Und es mochten vielleicht fünfzehn Minuten vergangen sein, bis die beiden Elternvögel das Nest aufs neue anzusteuern begannen.

Später im Jahr, als die Jungen zu fliegen begonnen hatten und immer mal wieder über unseren Köpfen im Gezweig der Buche Station machten, fragten wir uns, wer von ihnen es wohl sei, der dritte.

AMSELLEBEN 2 (SINGEN)

Die Amsel ist Gesang. In den hellen Monaten des Jahres hören wir sie zuverlässig noch vor der Morgendämmerung und bis der Tag entfaltet ist, desgleichen abends, sobald das Licht matter wird, bis es der Dunkelheit Platz gemacht hat. Und zwischendurch sowieso.

In Holland sahen wir einmal eine Amsel nahe bei unserer Unterkunft, die über den ganzen Tag hinweg sang, stundenlang sang. Ihre Warte verließ sie nur kurz, um bald wieder Platz zu nehmen. Wir standen auf, da sang sie schon, wir frühstückten, und sie sang, wir guckten nach, wie das Wetter würde, und sie sang. Sie sang, während wir lasen, und während die Amsel sang, lasen wir. Wir schrieben Postkarten, und sie sang, wir aßen Mittag, schrieben Postkarten und schauten ihr beim Singen zu. Wir tranken, von Gesang begleitet, Kaffee, wir schauten in den Himmel, während sie sang, wir redeten, hörten Musik, und sie sang, und während sie sang, sang sie. Nichts anderes konnte oder mochte sie, als zu singen – ein Körper, der ausschließlich für den Gesang gemacht zu sein schien.

Mittlerweile gehört die Amsel zu den gut vermessenen Vögeln. Amselwissenschaftler unterscheiden Herbst-, Winter- und Frühlingsgesang, Jugend- und Vollgesang, Tag- und Nachtgesang, Revier- und Nestbaugesang, Balzgesang, Brütegesang, Aufzuchtgesang, Hochsommernichtgesang. Es ist alles erfaßt: die Dauer der Gesangseinlagen, Frequenzbereiche, Länge und Anzahl der Strophen, selbst der Pausen, die Zahl und Häufigkeit der Motive, die Variationsbreite und die Struktur des Vortrags.

Und die Literatur? Viel geschrieben wurde über die »überaus weiche und liebliche Stimme« und den »erfinderischen Geist«

der Amsel (Howard), die »Intimität« (Grey), »Getragenheit« und »Leidenschaft« (Fehringer) ihres Vortrags, das »Heitere«, »Melancholische« und »Gefällige« ihres Lieds (Stein, Barnes). Doch keine Prosa und Poesie, keine Vogelkunde und Musikwissenschaft, die den Amselgesang fassen könnte, seinen unerhörten Variantenreichtum, die Vielzahl an Stimmungen, Tönen und Registern, die Verbindung aus Raffinesse und Rotzigkeit, die in ihm zum Ausdruck kommende Aufgeschlossenheit für Imitation und Spiel. Manchmal meint man, so Walter Wüst, »der Vogel freue sich an seinem eigenen Können«.

Was für viele Begleitgeräusch ist, Muzak für milde Sommerabende, ist der Amsel Lebensinhalt. Das Singen ist nicht nur eine Übung in der Zeit der Partnersuche und Partnerwahl, sondern zieht sich durchs ganze Jahr hindurch. Auch während der Brutzeit schwingt sich der Amselhahn, der in unserem Hof wohnt, immer wieder auf eine seiner Singwarten und gibt etwas zum besten. Selbst wenn die Elterntiere füttern, findet die männliche Amsel mehrmals am Tag die Gelegenheit, ihren Gesang zu erneuern. Und noch im späten Spätsommer sitzen die Schwarzdrosseln in unserer Siedlung auf den Dächern.

Manchmal kommt es vor, daß man eine Amsel aufschreckt, sie unter gotteslästerlichem, menschenverfluchendem Schimpfen davonfliegt und noch währenddessen zu singen beginnt. Eine Möglichkeit zu singen gibt es immer, und es scheint, als sei alles andere – das Fressen, Flüchten, Schauen – nur eine Unterbrechung des Gesangs. Wenn die Amsel unseres Hofs ihre Singwarte ansteuert, beginnt sie, noch bevor sie auf dem First gelandet ist, mit der ersten Strophe, als sei der Impuls nicht zu unterdrücken. Die Töne strömen aus ihr heraus.

Wer Jahre in der Nähe der schwarzen Drosseln verbringt, beginnt nach und nach zu verstehen, was sich hinter dem geläufigen Wort vom Flöten der Amsel alles verbirgt. Es ist ein aus vielen Quellen gespeister Vortrag, der immer wieder abgewandelt wird und doch einigermaßen akkurat seiner Strophenstruktur folgt, ein volltönendes, altstimmiges Singen, in das immer wieder ein Pfeifen, Triller, Fiepen und Fehlfarben hineingemischt werden. Jede Amsel findet im Singen zu eigenen Phrasen und Strophen, die ihrem Auftritt eine Signatur geben. Der Amselhahn, der gegenwärtig unseren Hof als sein Revier begreift, mag nicht der begabteste Sänger sein, aber er erlaubt uns, ihn zu erkennen. An das Ende mancher Strophen setzt er einen gedehnten Triller, der wie das Wiehern eines Pferdes aus einem Cartoonfilm klingt. Und es gibt eine Folge von vier Tönen, die er immer wieder verwendet: zwei Quarten, ein Quintfall, erinnernd an den Ruf eines Martinshorns, und ein Fanfarenthema aus der symphonischen Musik. Sanka, Schumann, Sankamann. Noch im Winter geht einem diese Sequenz im Kopf herum.

Frühling und früher Sommer sind die Hochzeiten der singenden Amseln. Aber fast noch eindrücklicher sind Nach- und Vorsaison. Nun ist der typische »Plauder-« oder »Leisegesang« zu vernehmen, ein halblauter Vortrag, in dem die Amseln ihr musikalisches Vokabular durchgehen, Gehörtes verarbeiten, Neues probieren. Nicht um Repräsentation, Konkurrenzgehabe, Partnersuche geht es. Der Vogel übt, »ohne Sinn und Zweck, ohne Funktion. Halb Rauschen, halb Freude. […] Ohne es zu bemerken, beobachtet man Poesie.« (Ulrike Draesner, deutschlandfunkkultur.de)

Das Männchen, das während der Sommermonate noch drei, fünf, zehn Meter über unseren Köpfen sang, hat sich jetzt in die Büsche zurückgezogen, oft sitzt es auf dem Ast eines Weißdorns und blickt auf die Straße hinaus, manchmal verzieht es sich zwischen das Zweiggewirr des Holunders, und viele Stunden des Winterhalbjahrs verbringt es im Inneren des Hofes, unter ein niedriges Gebüsch geduckt. Oft ist es still, und gerade an den kälteren Tagen scheint der Vogel kaum mehr herauszubringen als ein hohes, glasfeines Fiepen oder ein leises »Siie-siie-siie«, das man eher mit einem Wintergoldhähnchen assoziiert als mit einem Koloß wie der Amsel. Doch an trockenen, sonnigeren Tagen kann man es verläßlich hören, das Plaudern und Murmeln des Vogels, so leise und behutsam allerdings, daß man näher herantreten muß, um ihm folgen zu können. Dann, drei Schritte entfernt, darf man dabei zuschauen, wie er inwendig singt.

Der Schnabel ist allenfalls leicht geöffnet. Auf den ersten Blick scheint die Amsel wie unbeteiligt. Doch bald registriert man die Bewegung in ihrer Kehle. Es wirkt wie ein vergewisserndes Selbstgespräch, wie das Summen oder das Sprechen eines Kindes beim Spielen.

Natürlich fehlt das Prachtvolle, Gravitätische, Klassische der sommerlichen Abendkonzerte. Doch enthält der Gesang des Winters alles, was die Amsel vermag. Unterschiedliche Motive werden in fließenden Passagen aneinandergereiht, und neben den charakteristischen, pianissimo vorgetragenen Flötentönen hört man eine ganze Vogelwelt: das metallische Klicken und Klackern der Stare, das Pinken der Meisen, die flirrenden Töne der Finken, Krächzen, gutturales Glucksen, nicht als Fund, als Imitation, als Zitat ausgestellt, sondern Teil eines ganz eigenen Singens. Selbst der enervierende Warnruf, der einem das Sommerhalbjahr vergällt, findet Eingang und wird zu einem diskreten Triller umgewandelt.

Ab Januar läßt die Amsel ihren Leisegesang immer häufiger hören, oft minutenlang murmelnd. Manche Stunde sitzt man im Garten und beobachtet den Vogel bei seiner poetischen Tätigkeit, bei der Arbeit an der Form. Der Vortrag gewinnt an Volumen und Dynamik, bald sind Strukturen deutlicher zu erkennen, und ab Mitte Februar, wenn die Amseln unterm Laternenlicht mit ihren Abendvorträgen beginnen, entstehen aus dem einst bescheidenen Plaudern die ersten Reviergesänge. Eine biologische Trivialität: die »drängenden Triebe« (Barnes), der Neustart eines generationellen Programms. Aber wer sich mit Proseminarwissen nicht zufriedengeben mag, kann hören, wie sich der Gesang des Vogels von Tag zu Tag verändert, wie er in wenigen Wochen entfaltet wird und neu entsteht.

Gestern war es, da hörten wir ein bekanntes Motiv, vier Töne, das erste Intervall abgeflacht, der Martinshornruf fast eingeebnet, aber unverkennbar die Erkennungsmelodie unserer Amsel. Sankamann, Sankamann.

Es geht wieder auf die Dächer.

EINE AMSEL BEGRABEN 2

Die Schwarzdrossel ist ein Kulturfolger, einer jener Vögel, die sich gut in menschlicher Umgebung eingerichtet zu haben scheinen. Kaum ein Vogelbuch, das nicht erklärt, daß die Amsel, die mittlerweile alle Welt bewohnt, noch jedes kleinste Gartengrundstück zu ihrem Domizil erwählt, in Garageneinfahrten und Ziersträuchern brütet und ihren Gesang noch über den größten Verkehrslärm hinaus erhebt, einst ein scheuer Waldvogel war.

Doch trotz aller Anpassung bleibt die schwarzbraune Drossel ein Vogel mit Eigenheiten. Das Fluchtverhalten gehört dazu. Schreckt man sie auf, tauchen Amseln oft ab oder flattern und gleiten zunächst einige Meter dicht über die Erde, bevor sie an Höhe gewinnen, um davonzueilen oder einen Aussichtspunkt zu erreichen, von dem aus sie die Gefahr in Augenschein nehmen können. Wenn sie fliehen, sollten sie durch einen Buchenwald fliegen. An Straßen dürften sie nicht leben.

Freund M. hat das einmal erzählt. Im Vorgarten seines Hauses brüteten Amseln. Nachdem die Jungvögel das Nest verlassen hatten, drückten sie sich noch in der Nähe herum, zunächst von den Eltern beobachtet und gefüttert, dann zunehmend eigenständig die Umgebung und das weitere Vogelleben erkundend. Eines Tages, so M., habe er eine junge Amsel vor dem Haus gesehen, die von einer Katze belauert wurde. Als sich der Räuber anschlich und der Vogel nichts zu bemerken schien, habe er die Amsel aufgescheucht, um sie zu retten. Sie ergriff ihre Chance, flatterte Richtung Straße und flog schnurstracks unter das nächste vorbeifahrende Auto.

Die Geschichte läßt sich auf verschiedene Weise erzählen. Sie handelt von der Dummheit des Tieres und der Ahnungslosigkeit des Menschen, von Verschwendung, Unglück und Erschrecken. Sie ist komisch, grausam und jedesmal, wenn man sie erzählt, betrüblich. Aber wenigstens: eine Geschichte.

Mit der überfahrenen Amsel, die du eines Tages auf der Straße vor der Haustür findest, ist es anders. Als du nach Hause kommst, ist das Unheil schon zu ahnen. Grauer Flaum, aus dem Brustgefieder vielleicht, ist über die Straße verteilt und führt dich zur Unfallstelle. Ein Klumpen aus Federn und Fleisch, die schwarzen Schwanzfedern ragen in die Höhe, dort, wo früher die Brust des Vogels war, steht ebenfalls Gefieder ab, wie bei Erregung gesträubt.

Wie klein dieses Tier ist, gemessen an den Rädern der Fahrzeuge, die am Straßenrand parken. Den Vogel hat der Tod in der Mitte der Fahrbahn ereilt, Tempo-30-Zone, ein schönes Geräusch, wenn die Wagen gemächlich über das Kopfsteinpflaster rollen. Die meisten geben Gas.

Als du dich über den Vogel beugst, siehst du die Spuren der Gewalt, die ihm angetan wurde. Der vor kurzem noch warme, voluminöse, blutdurchströmte Körper existiert nur noch in zwei Dimensionen. Der Brustkorb ist zerquetscht, der Kopf wie mit einem schweren Eisen plattgeschlagen, die dünnen, leichtgewichtigen Knochen sind zermahlen. Das Rückengefieder ist zerzaust und aufgerissen, rechts findet sich eine zwei Zentimeter lange Wunde, die Flügel liegen leicht angewinkelt wie im Flug, doch in geringfügiger Asymmetrie neben dem Körper. Ein Gedanke an den Archaeopteryx, schnell wieder weggewischt.

Unter einer der Schwingen, hervorgepreßt, durch das zerrissene Federkleid hervortretend, das, was früher die Organe und die Muskeln der Amsel waren, nun zu Brei zerdrückt. Die obenliegende Augenhöhle der Amsel ist vom Lid bedeckt, als habe der Vogel im Moment des Aufpralls geblinzelt oder die Augen geschlossen. Und dennoch scheint man am Gesicht dieses Tiers, das wie alle seiner Klasse nicht so recht über eine Mimik verfügen soll, ablesen zu können, daß es Qualen erlitten hat. Auch der

Schnabel ist zermalmt und durch das Gewicht des Fahrzeugs gewaltsam aufgesperrt, der Rachen blutig, der Schädel aufgebrochen, aus der Stirn löst sich der Flaum.

Die Leute hier scheinen das nicht zu sehen. Oder es kümmert sie nicht, sie gehen daran vorbei wie an den Igeln, die man regelmäßig auf den Straßen sieht, an den zerstörten Körpern, aufgesprengten Bäuchen, zermatschten Nasen, Beinen, Füßen. Die Amsel – sie soll nicht weiter hier liegen. Und nach dem Überfahrenwerden überfahren werden. Und überfahren werden. Und überfahren werden.

Du holst Gerätschaften, um sie aufzusammeln. Der zertrümmerte Korpus ist so sehr zusammengepreßt, daß du ihn leicht mit zwei Schaufeln von der Straße heben kannst. Du mußt an die 25-Tonnen-Gewichte denken, die in Monty-Python-Filmen Terrier und andere nervtötende Kreaturen aus der Welt schaffen. Ein Schuhkarton ist zu klein für diesen Körper. Du legst ihn auf eine Pappe und in deinen Fahrradkorb und fährst los, Richtung Ortsrand, wo die Amsel begraben werden soll. Kein Buchenwald. Aber Bäume, Wiese. Nur ein Feldweg.

Das Loch im Boden muß breiter als tief sein. Du bettest sie unter einer Traubenkirsche in die Erde. Das Grab markierst du mit Zweigen und einem Haufen Kieselsteinen, die du in einem nahegelegenen Acker sammelst. Schon im nächsten Jahr kannst du die Stelle nicht mehr finden.

LÄSSLICHE LANDSCHAFT?

An keiner besonderen Stelle auf dem Weg von A nach Z.
SAMUEL BECKETT: Gesellschaft

Wer sich bewegt, erschafft sich auf die Art der Vögel
einen eigenen Platz in der Welt.
MARICA BODROŽIĆ: Poetische Vernunft
im Zeitalter gußeiserner Begriffe

Leipzig – Erfurt,
Ackermatten müde,
Gekrümmt hinein
In den Horizont
Sandgelber Stoppelfelder und mürber Wiesen.
Dörrbäume,
Stakselnd stehend
Im Offenen, das wenig verheißt.
Weißmais und »Ausgleichsflächen«, auf
Denen nicht eine Lerche haust, wohl bekomm's.
Sozialismus ginge
Wahrscheinlich anders,
Aber ma' waaß es net.

EINE MEHLSCHWALBE (DONNERWETTER!)

Jetzt ist es Ende August, die Sonne mauert sich hinter grauvioletten Gewitterausläuferwolken ein, aus denen siebenundzwanzig Tropfen fallen, der Verkehr fließt die Hauptstraße hinauf und die Hauptstraße hinunter, Feldmaschinen, Laster, Trucks, die die nahe Autobahn umgehen, Pkw sonder Zahl, mit dem Klima soll es ja nicht zum besten stehen, hört man, nun gut, gefahren muß werden, in neunzehn von zwanzig Wagen eine einzige sogenannte Person, in einer halben Stunde zwei Fußgänger, im Dorf.

Rechts die Kirche, davor das Kriegerdenkmal, das wir uns noch nie genauer angesehen haben. Im Straßengarten des Gasthauses *B.* die stramme, miniermottengeplagte Kastanie.

Gegenüber der nachsichtig verwildert wirkende Baronspark, hinter einer Mauer. Und über die Wipfel der Bäume schwimmt zügig, fast artwidrig zielstrebig eine einzelne Mehlschwalbe hinweg.

Man glaubt kaum, welchen Trost solch' zwei Sekunden zu spenden vermögen.

AMSELLEBEN 3 (SCHIMPFEN)

Die Amsel ist Beschwerde. Sich zu beschweren ist der Amsel ihres. Angst hat sie häufig. Und ihr Arsenal an Warnrufen ist groß. »Duck, duck, dack-tack«, heißt es bei »schwacher Erregung«, »Unsicherheit und geringer Angst«. In der Brutzeit etwas dringlicher dann »djük«, »duck« oder »duck-duck-duck«. Sobald Gefahr aus der Luft droht wiederum »sih« oder »ssieh«. Und wenn die Erregung beträchtlich und Flucht in Erwägung gezogen wird: »Dug, dug, dug, dug, tschewi, tschewi, tschewi, tschewi, tschewi, dug, dug.« Beziehungsweise »dack, derri-gigigigi«. (Stephan, Amsel) Schrill, schallend, gellend getrillert.

Die Schwarzdrossel hat es sogar zu einem ausschließlich ihr gewidmeten substantivierten Verb gebracht. Amseln, die nicht das Weite, sondern den Verursacher ihrer Furcht zu stellen und zu vertreiben suchen, äußern ein spitzes, scharfes, ständig wiederholtes »Tick-tick-tick« oder »Zick-zick-zick-zick-tschick-zick-zick«.

Dieses »Tixen« kann wiederum in anhaltendes Schimpfen und Gekeife übergehen, das »Zetern« genannt wird und beim besten Willen nicht mehr transkribiert zu werden vermag. »Amseln, die zetern, fliehen nicht, sondern hassen.« (Stephan, Amsel)

Doch woher bloß all der Haß? Man wirft ihnen Futter hin. Man geht nur noch auf Zehenspitzen in den Garten. Man redet beruhigend auf sie ein, wenn sie komisch gucken und zucken und die ersten Zeichen des Unbehagens zeigen, bleibt stocksteif stehen, um keinen weiteren Verdacht zu erregen, und rührt sich fürderhin nicht, stunden-, ja tagelang. Man wässert und harkt die Beete, auf daß die Drosseln spielendleicht an Würmer kommen, man pflanzt Büsche an, damit Madame und Monsieur süße und vitamin-C-reiche Speise haben, Himbeere, Apfelbeere, Kornelkirsche.

Allein, es gibt offenbar immer einen Grund zu schimpfen. Der Regen ist zu naß. Die Apfelbeeren sind sauer, die Kornelkirschen mehlig. Der Garten ist zu klein. Nie kann man mal in Ruhe aufm Ast sitzen. Die Spatzen nerven. Und die Menschen sind zu groß. »Achtung!« ruft die Amsel. »Vorsicht! Mensch, Mensch, Mensch! Weg, weg, weg!« Und eilt davon.

»Bleib doch, bleib!« ruft man ihr nach. Aber sie schimpft zu laut, um einen hören zu können. Diese unnötige Aufregung. Diese Vergeudung von Kraft. Diese himmelschreiende Ungerechtigkeit. Nicht selten kommt es vor, da sitzen wir, nichts Böses ahnend, im Hof, in unserem Hof immerhin, eine Amsel fliegt heran, setzt sich auf das Garagendach, beginnt zu schimpfen, flattert, weil wir uns nicht davonmachen, nach kurzem Krakeel wieder auf und zieht mit schrillem Schlag einige Meter weiter, in den Garten, um nun von dort aus – natürlich, aus sicherer Entfernung – weiter herumzuteufeln. »Ziii-schischischischischieeh.« »Tschütschütschütschitschi.« Nichts haben wir getan, nichts, was wir dagegen tun könnten. Friedliche Koexistenz? Vergiß es.

Und dann gibt es ja noch die Brutzeit. In einen Vogel hineinversetzen kann man sich nicht, aber es reicht schon, ihm zuzuschauen. Wir machen uns zuwenig klar, wie Mark Cocker zu Recht bemerkt, welche Rolle die Angst im Leben eines Vogels spielt. In den Frühlings- und Frühsommermonaten beansprucht nicht nur das Füttern, das Versorgen der Jungvögel die Eltern über die Maßen, sondern auch die Sorge um den Nachwuchs. In unserer Nachbarschaft gibt es wenige Gärten, dafür um so mehr Katzen. Die Amseln, die hier brüten, sind umgeben von Killern, ununterbrochen in Gefahr und sehen sich und diejenigen, für die sie sorgen, beständig bedroht. Fünf bis sechs Katzen streifen um das kleine Areal, auf dem unsere Amseln brüten, das Nest lediglich von Blättern verdeckt und mit einem

Sprung zu erreichen. Sammi, Zorro, Pepper – der Tod hat putzige Namen.

Vor allem zwischen den Abend- und Morgenstunden, in denen die meisten Katzenhalter ihr Viechzeug vor die Tür setzen, ist ständig Alarm. Der Tag beginnt mit dem Warnruf der Amsel, ist erfüllt mit Scheckern und Tixen und endet mit Klagen und Zetern. Vor allem, nachdem die Jungen das Nest verlassen haben und, so unbeholfen und ahnungslos, wie sie sind, leichte Beute zu werden versprechen, scheint sich das Leben der Amseleltern in einen permanenten Ausnahmezustand zu verwandeln. Code Red ist goar nix dagegen.

Es ist nervenzerreißend, diese Zeit mit den Amseln zu erleben. Immer wieder wird man vom Schrillen der Elternvögel aus der Ruhe gerissen, horcht und horcht und verläßt, da das Schreien nicht aufhören mag, das Haus, um nachzuschauen, was los ist. Dann sieht man sie: der Körper von Erregung geflutet, mit gesträubtem Gefieder, die Flügel abgespreizt, den Schnabel aufgerissen, meist beide, Weibchen und Männchen, auf den Eindringling herabschimpfend, wiederholt die Position wechselnd – Busch, Baumspitze, Dach –, um den Feind im Auge zu behalten, ihm auf den Fersen zu bleiben, wenn er, genervt von dem Gewese, ein wenig ausweicht. Einer haßt ununterbrochen auf den Mordbuben herunter, setzt ihm nach, bis er außer Reichweite ist, während die andere in der Nähe der Jungvögel bleibt, weiterlärmt, ruft, warnt, jene, die nicht recht zu begreifen scheinen, was ihnen da dräut.

Diese Beschwerde ist legitim. Und so springt man den Amseln bei, springt auf, stets von neuem, hetzt in Hausschuhen und Pyjama hinaus, mit einem kühlen Hellen in der Hand oder einer Wasserspritze bewaffnet, dorthin, wo die Musik spielt, klatscht in die Hände, brüllt herum und fuchtelt mit den Armen, hechtet dem flüchtenden Eindringling fluchend hinterher, bis er sich endlich verzogen hat. Alles ist recht, um die Drosseln, unsere Drosseln, vor der Mordgier der Vierbeinigen zu schützen.

Miesepetrig mögen sie sein, ein Hang zur Hysterie dürfte den Amseln nicht fremd sein. Doch ihre Aufmerksamkeit, ihre elterliche Fürsorge, ihre Hartnäckigkeit und ihr Kampfesmut verdienen Respekt. Gegen Ende des Sommers segelte ein junger Turmfalke über die Dächer unserer Siedlung, aus Wohlgefallen vielleicht, aus allgemeinem Interesse an der Luft oder an der Architektur oder weil er ein Auge auf die hiesige Tierwelt geworfen hatte. Meist machte er nur eine Stippvisite und verschwand nach wenigen Sekunden mit einem Lachen wieder hinter den Giebeln. Eines Abends ließ er sich jedoch auf einer Dachschräge nieder und begann, die Gegend genauer zu betrachten.

Die Schindeln waren noch angenehm warm, doch unsere Amsel ließ das nicht gelten. Gellend flog sie auf und steuerte auf einen Antennenmast zu, um von dort aus sogleich auf den Greifvogel einzuschreien. Kurz darauf ließ sie sich zur nächsten Dachkante herabfallen, auf daß sie den Falk noch direkter angehen und attackieren konnte, ihn möglichst zu vertreiben mit schlimmstem Schimpf und größter Schande. Crescendo, crescendo. Weil sich der Falke immer noch nicht rührte, pfeilte sie schließlich direkt auf ihn zu und setzte sich kaum zwei Meter vor ihm aufs Dach, Auge in Auge, um ihm ins Gesicht zu brüllen und unmißverständlich kundzutun, was sie von ihm halte, von seiner Anwesenheit, von seinem Vorhaben, von seiner Existenz. Nein, nein, nein!

Die meisten Vögel sind nicht sonderlich lärmempfindlich, doch dies' Zeter und Mordio war zuviel. Der Falke zog ab, lachte nicht einmal, und die Amsel flatterte, derweil die Erregung in ihr abflaute und das Schreien in ein nach und nach versiegendes Schimpfen versickerte, in ihre Buche zurück. Ein epischer, ein epochaler, ein exemplarischer Sieg.

Nur später, im Winter, als auf einem Nachbarhaus der Sperber landete, mit blaugrauem Frack und rötlich gefärbter Brust, und mit seinen »glutgelben Augen« (Macfarlane) zwischen die Häuser spähte – da machte sich auch unsere Amsel schön klein. Wir hielten mit ihr den Atem an.

MITTEILUNGEN ÜBER DIE UMGEBUNG

Zeit verstreicht höchst anschaulich. [...]
Die große Mehrheit alles Tönenden
bedeutet augenblickliches, aktuelles Geschehen!
RUDOLF ARNHEIM: Rundfunk als Hörkunst

In Brechts *Svendborger Gedichten* findet sich das karge Poem »Der Pflaumenbaum«: »Im Hofe steht ein Pflaumenbaum / *Der* ist klein, man glaubt es kaum. / Er hat ein Gitter drum / So tritt ihn keiner um. // Der Kleine kann nicht größer wer'n. / Ja größer wer'n, das möcht er gern. / 's ist keine Red davon / Er hat zuwenig Sonn. // Den Pflaumenbaum glaubt man ihm kaum, / Weil er nie eine Pflaume hat. / Doch er ist ein Pflaumenbaum / Man kennt es an dem Blatt.«

Werner Mittenzwei hat darauf hingewiesen, daß es sich hier um einen Pflaumenbaum im »Hinterhof eines billigen Großstadtviertels« handelt: »Eingelassen in den Asphaltboden, lichtarm vegetierend im Schatten der hohen Hauswände, eine kümmerliche Anspielung auf eine Natur, für die auf teurem Grund und Boden kein Platz bleibt. Beschützt muß er werden durch einen Zaun, damit niemand ihn anrempelt und knickt. Seine Kraft reicht nicht, um Frucht zu tragen, identifizieren kann man ihn an der Form des Blatts. Der Singular des Blatts ist Ausdruck tiefer Resignation.«

Und Mittenzwei fuhr fort: »Der Baum ist klein, man sieht ihn kaum, man nimmt ihn kaum wahr. Er kann nicht größer werden, es ist zuwenig Licht. [...] Dies alles steht nun in diesen zwölf Zeilen mit den kindlichen Reimen, in diesen abgrundtief traurigen Zeilen. Einem Wesen wird versagt, sich zu entwickeln, zu sein, was es seiner Natur nach sein könnte.«

Der Pflaumenbaum ist, ist anzunehmen, in der Regel ein Nutzbaum, sofern man »Nutzbaum« sagt, so, wie man »Nutztier« sagt. Er ist jedoch bisweilen zudem, insbesondere als Solitär, der frei, der unbehelligt, der lichtumflutet im Zentrum des Gartens über das Grundstück wacht, etwas ungemein Ansehnliches und Freudespendendes – ein wenig verwachsen, zottelig, ungepflegt, kurz: nicht übertrieben auf Wohlgestalt und Proportionen erpicht.

Unseren Pflaumenbaum hat der Großvater vor siebzig oder achtzig Jahren gepflanzt. Dezennienlang stand er hinter der Scheune, nun grüßt er schon seit vielen Jahren in den offenen Hof hinein. Zuverlässig spendiert er Kühle, in seiner Krone springen bei hellem Wetter die Lichtreflexe umher, ein ganz leichtes Spiel der Kontraste ist da immer wieder aufs neue zu beobachten.

Vor ungefähr zehn Jahren aber wurde ihm die Last der Früchte zum erstenmal zu groß, und er warf einen knorrigen, oberschenkeldicken Ast, einen Prügel von Ast ab. Das wiederholte sich in unregelmäßigen Abständen, zumal bei sommerlichen Unwettern, und während eines Gewitters hat es ihn zuletzt in der Mitte regelrecht zerrissen. Seither klafft an seiner rückwärtigen Seite – zum Schulgäßchen hin – eine lange, mit Furchen und splitternden Bruchstellen durchzogene Wunde, die von Buntspechten und Kleibern gutgeheißen wird.

Wer glaubte, er werde jetzt aufgeben, hatte sich getäuscht. Kurze Zeit später sproß direkt am Stamm ein Schößling, der unterdessen beinahe bis in die schlanke und, obgleich nach wie vor gerupfte, stolze Krone hinaufgeschossen ist (klar, der Fachmann riete: absägen, rausschneiden), und vergangenes Jahr entdeckten wir sechs Meter entfernt entweder einen Keimling oder einen geschobenen Wurzelausläufer.

Der neue Pflaumenbaum darf sich unter der Obhut seines rüstigen Vaters entwickeln, wie er will. Nach zwölf Monaten mißt er nun 2,70 Meter, der Racker.

Man muß nicht nur von der Natur, wie Brecht sagte, »einen sparsamen Gebrauch [...] machen«, man muß sie wenigstens in Gärten und Parks auch in Ruhe und einfach machen lassen. Dann schaut man der unmerklichen Kraftentfaltung und dem unreglementierten Treiben zu. In all den Formen und Bewegungen drückt sich unendlich viel mehr aus, als die auf biotische Funktionen fixierten Verwurster und Verwerter jemals wahrzunehmen vermögen werden.

Und doch nisten sich in die betörende Unwägbarkeit, in diese poetische Unzuverlässigkeit der Natur jedesmal wieder überraschende Momente der Stetigkeit ein, vorsichtig gedehnte Augenblicke der Jetztzeiterfahrung, mit denen man nicht gerechnet hat und die einem, weil sie Erinnerungen hervorrufen, kleine Erinnerungen, ein Gefühl von fröhlicher Bindung an das Draußen einflößen, an das konkrete Dort, an das trotz seiner Wandelbarkeit in gewisser Weise konstante Das-Da.

Dieses Das-Da ist dieser Pflaumenbaum in diesem Garten mit dieser Geschichte und mit dieser Fortentwicklung, und in jedem Spätsommer sind sie, ohne daß wir daran gedacht hätten, auf einmal – Überraschungsei! – da, sitzen auf einmal da oben, auf im leichten Wind schwofenden Trieben, die redelustigen Stieglitze.

Was für Kameraden, was für Schwatzbrüder und -schwestern. Einmal rückte eine ausgelassen lautgebende, in die Idee der Geselligkeit verliebte Familie an, in der einen Vormittag lang vielerlei zu verhandeln war (wo geht's heuer im Urlaub hin? Heute abend zum Italiener oder zum Griechen?), ein andermal ließ sich da oben eine geringfügig sittsamere Stieglitzsozialformation nieder (Diskussionen über Sparguthaben und Anverwandtes, vermutlich), und heute morgen gegen zehn hockten sie da zu zweit: links, auf dem höchsten, gen Pastellhellblauhimmel gerichteten Ästlein, ein standhaft buddhistischer, mithin in sich einwandfrei geistig gefestigter und darob jedweder Artikulation abholder Stieglitz, rechts, eine Treppenstufe tiefer, zentral postiert, sein dafür um so kundgabestärkerer, geradezu narrisch plaudernder und parlierender und derweil prima posierender, den Kopf unentwegt hierhin und dorthin wendender und mit dem Schwanz behende wippender und weiß Gott was über die Umgebung mitteilender und von unerhörten, ja skandalösen Geschehnissen jüngeren Datums berichtender und künftige Abenteuer ausmalender Weg- beziehungsweise Fluggefährte.

Herrje, der machte die Schweigsamkeit seines Zuhörers wahrlich wett, ein »Stellvertreter« (R. Hochhuth) seiner göttlichen Art par excellence. Er plapperte und schwafelte, verrührte die Töne wie ein Fernsehkoch auf Meth und schmiß sie dann ins Luftreich hinein, sie rieselten herab und strömten hin und her und stoben durch die Gegend, und unser Topzufriedenheitsfred und High-end-Entertainer fand kein Ende, dudelte, knarrte, pinselte Schnörkel, trillerte und wagte wilde Intervallsprünge, flötete, knätschte, zwitscherte, stakkatierte, näselte und schwalbelte, ausdauernd und ausdauernd und beharrlich und beharrlich, ein filibusternder parlamentarischer Rambo, eine Mischung aus Wellensittich, Avantgardekomponist und Haudrauf, und könnte ein Jungbrunnen singen, *so* sänge er.

Stieglitze? Stachelige Distelfinken? Ach was! Pflaumenfinken sind das.

AMSELLEBEN 4 (FÜTTERN)

Die einfachste Art, mit Vögeln zu leben, ist, ihnen Futter zu geben. Man legt aus, was verlangt wird, und die Vögel nehmen, wessen sie bedürfen. Vögel sind bequem. Und Gewohnheitstiere. Dennoch bleibt da etwas Unkalkulierbares. Die Gefiederten unseres Viertels kriegen schnell spitz, wenn die Futterstellen wieder befüllt werden, und sprechen dem zu, was sich in der versiegelten Umwelt nur noch mühsam finden, aber säckeweise im Supermarkt besorgen läßt. Trotzdem haben wir bislang zu keinem gemeinsamen Tagesablauf gefunden.

In der Literatur und »im Netz« stößt man allerorten auf Leute, die es schaffen, die Vögel in ihrer Umgebung dazu zu bewegen, ihnen aus der Hand zu fressen. Und wer die Menschen beim Tauben- und Entenfüttern im Park beobachtet und selber mal vorm Strandcafé die auf dem Tellerrand sitzenden Spatzen mit Kuchenstreuseln versorgt hat, bezweifelt nicht, daß das möglich ist. Aber die Vögel in unserem Garten wagen es nach wie vor nicht, handzahm zu werden. Mag sein, wir lassen es an der nötigen Konstanz, am Gleichmaß fehlen. Manchmal vergehen drei Tage, an denen die Gefiederten darben müssen. Dann schaufeln wir wieder pfundweise Futter in Häuschen und Röhren, Tiegel und Tröge. Aber so ist Natur, Digger: Mangel und Überfluß.

Allerdings sind auch die anderen, die Gefiederten, keine Fütterungsautomaten. Sie sind unzuverlässig. Liegt es am Rheinland? Manchmal fressen sie, manchmal nicht, manchmal viel, manchmal wenig. Sie lassen sich blicken oder nicht. Sie kommen, wie sie wollen. Oder eben nicht.

Zumal mit unseren Amseln ist das so. Manche lassen sich verläßlich sehen, andere nehmen nur im Notfall etwas an. Die eine ernährt sich monatelang von Rosinen, die andere verschmäht sie selbst im Winter. Der aktuelle Amselhahn goutiert Insektenfutter und läßt es dann wieder verderben. Sie wissen es offenbar besser.

Im Spätsommer ziehen die Drosseln im Himbeerstrauch die reifen Beeren von den Zweigen. Dann treiben sie sich im baumhohen Holunder herum, die Früchte am dünnsten Zweigende abzupfend, fast ins Leere taumelnd. Und im Herbst setzen sie sich zwischen die gelb werdenden Weinblätter, um Trauben zu futtern. Sie säen nicht, sie ernten, und wir schauen ihnen zu.

Im Frühjahr und in den frühen Sommermonaten sind sie es, die füttern. Unablässig durchqueren die Elternvögel nun Hof und Garten, fliegen an und fliegen ab: Nahrung suchen, finden, herantragen. Ein stetes Kommen, Gehen, Kommen, Gehen, Kommen, begleitet von den kaum noch verstummenden Bettellauten der Jungen. Wenn diese das Nest verlassen haben und noch flugunfähig in den Büschen kauern, ist das Futtersuchen und Füttern noch intensiver zu beobachten: wie die Eltern, die ihre Jungen untereinander aufgeteilt zu haben scheinen, ein ums andere Mal heranschnellen, die Mitbringsel in die aufgesperrten Rachen stopfen und nach kurzem prüfenden Blick wieder davonfliegen, um einzuheuern, was die Natur hergibt: Würmer, Spinnen, Tausendfüßer, Käfer, Maden, Raupen, Puppen, Schnabel um Schnabel, auf daß die Jungen endlich, endlich zu voller Kraft und Selbständigkeit gelangen. Stundenlang, über endlos scheinende Tage hinweg geht das so. Man schaut den Vögeln bei der Verausgabung ihrer Kräfte zu. Und schließlich versteht man: Hier geht es ums Ganze.

Zwischendrin passiert es. Plötzlich kein Ab-, kein Anflug mehr. Das Amselweibchen nähert sich der Futterschale am Boden, die wir zum Schutz vor Regen unter einen Gartentisch geschoben haben. Sie kennt die Stelle. Doch jetzt sitzen wir da, die langen Beine stehen ihr im Weg. Sie schaut, zögert, gluckst, hüpft auf uns zu, stoppt, mustert uns, während wir stillzubleiben versuchen, unterdrückt ein erneutes Glucksen und trippelt dann zur Schale mit den Haferflocken. Zwischen unseren Schuhen frißt sie, mit nach vorne schnellendem Körper einzelne Flocken auflesend, zwischendurch zu uns aufschauend, bis es genug ist, fürs erste, bis sie forthüpft, auffliegt und sich wieder ihren Jungen widmet.

In den folgenden Tagen lernt nicht nur das Weibchen, seine Scheu zu überwinden. Auch das Männchen taucht nun immer wieder auf und nimmt sich vom Futter. Die beiden kommen so nah heran, daß wir ihnen in die Augen blicken können – ein fast intimer Moment, in dem sich das Füttern der Amseln mit dem Füttern der Amseln verschränkt.

Wiederholt geschieht es, daß ein Elternvogel mit vollem Schnabel die Futterstelle aufsucht. Man erkennt zerknickte Fliegenbeine, Insektenkörper, zerknitterte schimmernde Flügelhaut, das feuchte Glänzen eines Regenwurms. Und mit der Beute im Schnabel fängt er an, nach Haferflocken zu picken, begierig, aber doch so vorsichtig, daß er nicht verliert, herunterschluckt, was er gesammelt hat und für seine Jungen gedacht ist.

Nur wenige Tage währt diese Nähe. Als die Aufzucht des Nachwuchses ihrem Ende entgegengeht, ziehen sich die Amseln wieder zurück. Und die alte Ordnung ist wiederhergestellt: Wir geben ihnen Futter, und sie – schauen mal.

DAS MACHEN WIR MAL SO

Versuch mal, so einen Himmel um sechs Uhr morgens zu beschreiben. Nicht ganz einfach. Vielleicht solltest du's erst gar nicht probieren. Man kann ihn ja *sehen.*

Zwischen den Spitzgiebeldächern tintige, zerfransende Wolken, die nach rechts oben in einen weißen Saum wie gefrorene Gischt übergehen, der ausläuft in einen durchleuchteten Trichter. Darübergelegt vier Streifen, Nähte, die das milchig-blaue Tuch zusammenhalten. Es hielte auch ohne sie (es hält immer), aber sie denken sich: Das machen wir mal so.

In der Mitte beinahe nichts, ein bißchen was hingetupft und der Rest eines Rauchkegels über einem abgebrannten Wald.

Links drei anthrazitfarbene Kleckse, die haben nichts vor.

Das ist alles.

Hans Magnus Enzensberger schreibt in dem Gedicht »Die Geschichte der Wolken«, womöglich Adornos schönsten Text aus den *Minima Moralia* implizit zitierend, nämlich »Sur l'eau«: »Ein Spiel ist ihre Geschichte, / unblutig, älter als unsre. / Historiker, Henker und Ärzte / brauchen sie nicht, kommen aus / ohne Häuptlinge, ohne Schlachten. / Ihre hohen Wanderungen / sind ruhig und unaufhaltsam. / Es kümmert sie nichts. / Wahrscheinlich glauben sie / an die Auferstehung, gedankenlos / glücklich wie ich, der ihnen / auf dem Rücken liegend / eine Weile lang zusieht.«

Aus dem Süden kommend streichen zwei Rabenkrähen übers Haus und tauchen in die Himmelskulisse ein, vergessen für einen Moment ihr Ziel und ihre Route, drehen sich um die eigene Achse und stoßen aufeinander zu. Sie spielen, weil sie spielen wollen.

Um halb sieben fällt unser erdverbundener Spatzenverband ein, quirlt durch den Garten, randaliert durch den Apfelbaum, turnt und rabaukt in der Kanadischen Konifere herum, nimmt ein wenig ausgestreutes Futter ein, und der Keckste von ihnen erwählt den First der alten Waschküche vor unserem Fenster zu seiner Warte.

Dito dabei: 1 Kohlmeise, 1 Hausrotschwanz.

Versuch mal, so einen Morgen zu beschreiben.

AMSELLEBEN 5 (NEST)

Die ersten Vogelnester, an die du dich erinnern kannst, waren die Nester der Mehlschwalben unter der Traufe des Hauses der Großeltern. Das war wunderbar und nicht nachzuvollziehen: wie die Vögel diese kunstfertigen Konstruktionen unter den Vorsprung des Daches klebten. Man schaute die Hauswand hinauf und sah die Elternvögel kreisen, schwätzen, an- und abfliegen, hörte das Geschnatter der Jungen und sah, wie sie ihre Köpfe durch die halbmondförmige Öffnung der Nisthöhle reckten, das Gelb der aufgesperrten Rachen, die schwarzen Köpfe, die hellen Kehlen. Daß ab und an eines der Nester herunterfiel und mitsamt den Nestlingen auf dem Gehsteig zu Bruch ging, daran will man sich nicht erinnern. Aber es wurde öfter gekehrt, damals.

Das erste Nest, das du von nahem sahst, stammte aus dem Garten der Großeltern – oder vom Großcousin, der sich mit den Gefiederten auskannte und es dir eines Tages in die Hand drückte: gleichmäßig geformt, mit einer relativ flachen Mulde, feinverwobene Halme und dünne Zweige. Noch immer weißt du nicht, welcher Vogel es gefertigt hatte. Es war trocken, keinerlei Ungeziefer in ihm, wie fürs Aufheben hergerichtet, und so hast du es, nachdem es in einem leeren Margarinebehälter verstaut war, zu deinen Sachen genommen. Wo es sich derzeit befindet, weißt du nicht, aber irgendwo wird es noch sein. Du würdest es jetzt, viele Jahre danach, gerne noch einmal anschauen.

Wenn der Herbst das Grün von den Bäumen nimmt, tauchen sie auf. In manchen der Linden oder Kastanien, die an den Verkehrswegen der Städte stehen, sieht man weit oben, auf die Verstrebungen der Zweige gelegt, die napfförmigen Nester der Buchfinken, in den breiten Kronen der Bäume nicht größer als

Nüsse. Es wundert einen, daß sie der Wind nicht längst fortgetragen hat.

In den Baumhaseln unserer Siedlung kommen auf einmal die Bauten der Elstern ans Licht, die Schein- und die echten Nester, kegelförmig ins Geäst geschobene, sachverständig verkeilte Haufen aus Stöcken und Zweigen, nicht im mindesten so achtlos zusammengeworfen, wie man es den diebischen Gesellen oft unterstellt. Man sieht die buntgefärbten Rabenvögel vor sich, wie sie im Frühjahr von Baum zu Baum eilen und nach allerlei Probieren und Betrachten, Begutachten und Abwägen jene Äste abknipsen, die ihnen passend erscheinen. Und man erinnert sich, daß man ihnen, als man sie, am Nest bauend, mit ihren Schnäbeln hantieren, Hölzchen sortieren, Zweige hin- und herlegen, an der ganzen Konstruktion zupfen und zerren sah, Hände wünschte. Es könnte so einfach sein.

Im Baum vor unserem Haus, aus dem während des Jahres immerzu das monotone »Huhu« der Ringeltauben drang, in einer Astgabel ein Bau aus Reisern, viel zu klein für den massigen Vogel, geschweige denn für mehrere seiner Art. Von anderen Vögeln ist hingegen wenig zu sehen oder, für uns ersichtlich, hinterlassen worden – nichts von den Spatzen, die sich in die engsten Ritzen in den Gebäuden quetschen, nichts von den Mauerseglern, die unter den Dächern die verbliebenen Lücken und Hohlräume nutzen, nichts vom Hausrotschwanz, der selten preisgibt, wo er herkommt und wo er hingeht. Auch nicht vom Rotkehlchen, das wir stets im Garten hören, aber nie beim Brüten beobachten konnten – genausowenig wie die Heckenbraunelle. Zu hoffen ist, ihre Nester waren nicht nur unzugänglich für uns.

Das kugelförmige Nest eines Zaunkönigs haben unsere Nachbarn mal in ihrem Gartenhaus gefunden, ein mirakulöses Gebilde aus Blättern, Moos, Stengeln, dünnen Wurzeln und Ästen. Doch meist müssen wir mit dem Gewöhnlichen vorliebnehmen. Der Kleiber ist lediglich Gast in unserer Siedlung; beim alljährlichen Kontrollieren der Nistkästen stoßen wir bloß auf die Hin-

terlassenschaften von Blau- und Kohlmeisen. Dicht und stabil wirken deren Nester, sie liegen schwer in der Hand, obgleich von so leichten Lebewesen erbaut.

In die Mulde unserer Kohlmeisennester eingearbeitet findet sich meist die Wolle zweier Schafe, die in der Nachbarschaft auf einer Brache gehalten werden, und man kann sich vorstellen, wie oft die Vögel dorthin geflogen sein müssen, um genügend Material zu sammeln für ihr Gespinst. Die Nester sind weitgehend unbefleckt, denn auch Kohlmeisen transportieren den Kot der Jungvögel fort. Aber man findet gelegentlich Reste eines zerbrochenen Eis, die Federn eines gestorbenen Nestlings, Ohrenkneifer, kleine Spinnen, die davonrennen, wenn man den Nistkasten öffnet, oder Puppenhüllen von Schmetterlingen und anderen Insekten, Dinge, die einen daran erinnern, daß ein Nest kein Fundstück und kein »Kunstwerk« (Burke), sondern ein Lebensraum ist.

Schließlich sind es die Amseln, die ihre Arbeiten sehen lassen. Fast jedes Jahr brüten sie an mehreren Stellen in der Nähe. Für putzige Postkartenmotive reicht es nicht. Kein Nest hat sich je gefunden in Brief- oder Blumenkästen, in einem liegengebliebenen Strohhut oder im Auspuffrohr unseres neuen Pickups. Doch ist es jedesmal aufs neue erstaunlich, in welch engem Kontakt zum Menschen dieser doch so empfindlich scheinende Vogel seinen Nachwuchs aufzieht. Im Herbst finden wir die Amselnester in einer Hecke neben parkenden Autos, in einem niedrigen Busch zwischen Haus- und Garagentür, in den Weinreben an der Fassade, auf einem Holzbalken über der Garageneinfahrt. Man braucht meist nicht einmal eine Leiter, um sich eins zu holen.

Ornithologisch vorgehen hieße, das Gebilde zu zerlegen, um herauszufinden, wie der Vogel das Nest aufbaut, für Stabilität, Wärme und Komfort sorgt, die unterschiedlichen Texturen der Materialien verflicht, wie er beim Nestbau auf die Bedingungen seiner Umwelt eingeht. Schon aus Gewöllen und Speiballen kann man vieles lernen – und aus Nestern kaum weniger. Neil

Ansell beschreibt in seinem Buch *Tief im Land*, wie er das Nest von Schwanzmeisen untersucht und Stück für Stück abträgt, was der Vogel modelliert hat. Die Kugelnester der Schwanzmeisen bestehen vor allem aus weichem Stoff, Gräsern und Federn, und nachdem Ansell sein Nest zerpflückt hat, liegen nicht weniger als tausendzweihundert Federn und Federstücke vor ihm, unter anderem von Fasan, Waldkauz, Amsel, Ringeltaube und Brachvogel. Und er hat während dieser stundenlangen Arbeit nicht nur etwas über die Umwelt des Vogels erfahren, sondern auch über dessen Wahrnehmung, über das Konstruktionsprinzip, über die Verbindung von Fleiß und Geschicklichkeit, die das Gebilde entstehen ließ. Gleichwohl unmöglich, das jetzt vor dir liegende Amselnest zu sezieren.

Die Mulde ist oval, die Faust eines Erwachsenen paßt hinein, wenn auch nicht die Pranke eines Bauern oder Arbeiters, wie dein Großvater einer war. Ausgekleidet ist sie mit fast haardünnen Halmen, die heutzutage, in Zeiten von Fettwiesen und Energiegräsern, nur noch schwer zu finden sein dürften. Die mittlerweile grauen, graubraunen, blaßgelben, einst vielleicht grünlichen oder heufarbenen Halme sind fein säuberlich übereinanderlegt, ineinander verhakt, miteinander verwoben. Drei, vier von ihnen braucht es, um einmal die Kuhle zu umschließen, Hunderte, vielleicht Tausende sind nötig, um diese mehrere Zentimeter hohe Skulptur zu erschaffen.

In der Nestmulde hat die Amsel trockene Blätter ausgelegt, die zu zerbröseln beginnen – ein durchsichtiges Gewebe, die Blattrippen zerbrechlich wie Insektenbeine. Etwas Moos, weich, trokken und noch immer grün. Nach außen hin werden die Halme breiter, kräftiger, noch biegsam, aber zunehmend strohig. Das Nest ist so stabil, daß man es problemlos mit zwei Fingern fassen und am Rand hochheben kann, ohne daß es auseinanderfällt.

Leicht wirkt es und schwer, durch den Unterbau, auf dem die Mulde ruht. Lehm, stärkere Halme, Schnipsel dickerer Blätter, wiederum Moos, das das Ganze festigt und abdichtet. Mehrere

Schichten sind übereinandergelegt – eine Basiskonstruktion, aus der, ohne daß man genau zwischen Unter- und Überbau unterscheiden könnte, die offene Form der Nestkrone herauswächst. Herzog? De Meuron? Kannste knicken.

Zwischen die Materialien der Natur hat die Amsel durchsichtige Folie und einen gelben Streifen Plastik gesteckt, ein Stück des Zugbandes eines unserer Küchenmülleimersäcke. Nimmt man das Nest in die Hand, kann man zwei grauweiße Flaumfedern entdecken. Ob sie zum Bau gehören oder den Vögeln ausgefallen sind? Von der Seite betrachtet, kommen einem die übereinandergeschichteten Halme wie die Jahresringe eines Baumes vor. In das trockene Gras eingearbeitet sind feine Blätter von Farn, der in Nachbars Garten unter der großen Eiche und bei uns am Fuß des moosüberdeckten Stammes einer Robinie wächst. Man gewahrt, wie die Amsel zwischen die dünnen Halme robusteres Material eingefügt hat, ähnlich Bändern, die die Konstruktion einfassen und versteifen sollen. Verwendet hat sie dafür dunkelgraue Rindenstücke des Weinstockes in unserem Hof, die sich meist in langen, schmalen Streifen vom Stamm lösen und gut verarbeiten lassen. Doch erkennt man auch den Fetzen des Hartplastikbandes, das ein Versandhändler um seine Pakete spannt, nun verwittert und von einer rostbraunen Farbe, die beinahe natürlich wirkt.

Schließlich: zwischen dem Graubraun organischer Materie das chemische Grün eines Kunststoffadens, mit feinen Stichen eingenäht. Mehrere hundert Jahre wird es diesen Faden geben, das Nest, so scheint es, mindestens ebensolang.

INTERMISSION

Auf der Fahrt von Wicklesgreuth nach Stuttgart im Abteil knallvitale schwäbische Samstagsausflügler, bei sich führend reichlich und leibstützend Hausmacherwurst, Brezeln und Heimatbier (Haller Löwenbräu) und die Vorzüge beziehungsweise Nachteile von Butter respektive Margarine periklesmäßig erörternd (Zentralkriterium: »Streichfähigkeit«). Unversehens angesichts der niederschmetternden Agrarunlandschaft und der vertrockneten Nadelhölzer da draußen das Wort »Wiesenschaumkraut« im Krauskopf.

Gehört das hierher?

Aber ja. Denn unsere durch diese wertlose Minimam Ornithologicam flanierenden Turmfalken begleiteten uns da gar dreifach, sapperlot und Arschzement. Was finden die noch an dem Umweltschrott hienieden, an »dieser Natur«, wie Antonie Rietzschel von der *Süddeutschen Zeitung* im ZDF-*Morgenmagazin* (in einem der abscheulichsten Drecksfernsehformate) am 28. August gleich zweimal innerhalb einer halben Minute vor sich hin stammelte und höhnte (ja, dieses bürgerliche Schmant- und Schmodderblatt beschäftigt und entlohnt schon die vollauf richtigen Damen und Herren und Indolenzbolzen)?

Hinter Sulzbach an der Murr schwebte (zwei Schwingenschläge inklusive) zwei Meter neben dem Zugfenster unser jüngster Herzensmäusebussard einher, kastanienbraun, weiße Schmuckpünktel auf dem Leib.

Voilà, une buse variable, Künder der Vielfalt und Behaglichkeit!

WARUM?

Ins glaubwürdig glühende Morgenrot über dem Odenwald ruft der fleißige Kleiber hinein. Interessiert kein Schwein?

Der Grünspecht, selber ein untadeliger Handwerker, spottet kollegial dagegen an, bezeugend eine Gesellschaft von morgen.

Die Laubbäume, an die Hänge getackert, formen entelechisch derart plastische Gestalten, daß man sie tätscheln möchte, die Meisen wellen durch die Luft.

Ein Geschenk könnte die Welt sein. Warum bloß wird sie bekämpft?

(Einziges Manko grad: Fehlt ein Käuzlein.)

EINE AMSEL BEGRABEN 3

Kein Jahr, in dem man nicht eine Amsel begraben muß. Man zählt die Überlebenden. Schon im April haben wir eine gefunden, in der hinteren Ecke des Hofes, sie war offenbar aus dem Nest gefallen. Ob sie verhungert oder erfroren ist oder von den allabendlich durchziehenden Katzen als Spielmaterial mißbraucht wurde, war nicht ersichtlich. Schmutziggrau, noch etwas flaumig sah sie aus, wer weiß, wie lange sie da bereits lag, bevor wir sie entdeckten.

Ihren Geschwistern begegnen wir einige Tage später im Garten, nachdem sie das Nest verlassen haben. Auf mehrere Stellen verteilt, um den Räubern kein leichtes Ziel zu sein, sind sie über ihre Bettellaute und Stimmfühlungsrufe doch gut zu lokalisieren, über das Fiepen, das Kontakt zu den Eltern halten soll, und das Krähen oder Schnattern, das die Altvögel zur Fütterung auffordert.

Ein Junges ist in der Hecke zwischen Weißdorn und Feldahorn untergekommen, eines hat es in den Holunder geschafft und ist später auf dem unteren Ast einer verwitternden Robinie zu sehen, ein drittes scheint im Feuerdorn zu sitzen, geborgen im stacheligen Gestrüpp. Ausgesucht hat es diesen Ort nicht, denn die jungen Vögel sind nichts außer Ahnungslosigkeit, Unverstand und Tolpatschigkeit. Bescheuert.

Noch sitzen sie meist ruhig da, aber unübersehbar regt sich von Zeit zu Zeit der Drang, in die Luft zu gehen, mit einem Flattern, das energisch beginnt und bald wieder nachläßt. Die Flügel tragen noch nicht, und was man mit ihnen anfangen kann, ist vorerst ein großes Rätsel. Flugversuche enden in Bruchlandungen. Einer der drei Jungvögel versucht zum Geäst einer Buche hinüberzugelangen, taumelt jedoch, nachdem er zunächst Höhe gewonnen hat, Richtung Erde und rauscht zwischen die Zweige einer Schlehe.

Dann tut es einen kurzen Schlag, als der Jungvogel in der Robinie zu Boden fällt. Vielleicht ist er des vielen Sitzens müde geworden – oder hat vergessen, wie man sitzt. Nach einigen Minuten kraxelt er zwischen Kraut und Unkraut hervor, quetscht sich an den Kartoffelsäcken vorbei, hüpft über ein kleines Stück Wiese und versteckt sich zwischen Efeu und Taubnessel – keine gute Entscheidung, wenn wir an das Katzengesindel denken.

Später hat er sich zwischen den Blättern wieder hervorgearbeitet und sitzt auf einer Beetbegrenzung, einem kniehohen Zaun aus Weidenruten. Seine Füße mit den langen Zehen sehen fast spinnenartig aus, die Beine sind zart und dünn, mausgrau der Schnabel, der Schnabelansatz wie der heruntergezogene Mundwinkel eines den Lauf der Welt nicht günstig beurteilenden Menschen.

Die dunklen Augen blicken unvermindert in unsere Richtung. Sein Gefieder ist unauffällig, doch dezent gemustert, das Graubraun des Kopfes und der Oberseite geht bereits in dunklere Töne, in Schiefergrau und Schwarz über. An der Kehle ist noch ein hellerer Fleck zu sehen, die Brust in Hellgrau und Graubraun geschuppt. Rücken- und Flügelfedern wirken ein wenig unordentlich, das aufgeplusterte Bauchgefieder scheint weich wie Flaum, der Schwanz ist noch kurz wie die Beine von Kindern, die ihre ersten Schritte machen. Die Statur des Vogels gleicht eher der eines Rotkehlchens, als bräuchte es noch einen Beweis für seine Schutzbedürftigkeit.

Während er so sitzt und wir so sitzen, bewegungslos, scheint er sich mit seiner Situation zu arrangieren. Er wendet den Kopf, mustert die Umgebung. Und während die Zeit vergeht, tritt er von einem Bein aufs andere. Dann hebt er einen Fuß zur Seite, streckt das Bein durch und spreizt den rechten Flügel ab. Was mit diesem Körper so alles anzufangen ist. Zwischendurch sperrt er in Erwartung der nächsten Futterration den Schnabel auf, und doch scheint es, weil er dabei stillbleibt, als erinnere er sich an etwas oder träume.

Eine Woche später liegt er tot im Gras. Die Augen sind geschlossen. Die Beine und Füße wirken immer noch zart, der Körper ist allerdings kräftiger, das Gefieder fast komplett. Weitere Facetten sind in seinem Kleid dazugekommen: das dunkle Glänzen der Schwungfedern, ockerfarbene Streifen, wärmeres Braun an Kehle, Brust und Rücken. Der einst graue Schnabel hat einen gelblichen Ton angenommen. Zerfetzt ist der Vogel nicht, aber unverkennbar war es der Schlag einer Katze, der sein Leben beendet hat. Quelle amusement.

Er soll nicht bloß Spielmaterial gewesen sein. Also bekommt er einen Platz im Garten, dort, wo bereits der andere verbuddelt ist, zwischen den Wurzeln von Weißdorn, Kornelkirsche und Holunder. Ist es albern, zu pathetisch, ihm einen Namen zu geben? Du nimmst einen, der nicht zu ernst klingt (Günni zum Beispiel), ohne Ironie geht es nicht. Doch die Schaufel, mit der du immer die über den Garten verteilte Katzenscheiße wegschippst, die nimmst du nicht. In die Erde steckst du ein Stück Holz, das bald verwittert sein dürfte.

Keine zwei Wochen später zieht sich eine Spur von Federn zwischen den Beeten hindurch – der Flügel einer Amsel, säuberlich in seine Einzelteile zerlegt. Ihr Körper ist nicht zu finden, dies' Begräbnis fällt aus. Du sammelst auf, was übrig ist. Und nimmst dir etwas vor. Solltest du den letzten dieser Brut sehen, wirst du nicht innehalten, wirst ihm nicht zuschauen und nicht mit beruhigenden Worten auf ihn einreden. Du wirst ihm kein Futter hinstellen, sondern ihn aufscheuchen, ihn verfolgen, davonjagen, vertreiben. Verschwinden soll er und anderswo versuchen durchzukommen.

EINBILDUNGSKRAFT

Kürzlich kam der Hausrotschwanz, der sonst auf den Dächern singt, zu uns herunter und besuchte den gepflasterten Parkplatz neben der Straße, flatterte auf die Motorhaube eines silbernen Passat und hüpfte dann auf das Dach des Autos, dessen Lackierung durch Sonnen- und Regeneinwirkung stumpf geworden war.

Da saß er schließlich, knicksend, und rätschte und zwitscherte. Vermutlich hatte er sich einen Felsen ausgedacht.

BLUE TIT IN DACHRINNE

Mußte hinsehen: wie die die letzten Tropfen aus derselben knick-
selt.

DIE UNVERSEHRTEN

Für Mudder und Vadder

Neulich sah ich einen in unserer Straße, neben eine Haustür gehängt. Der Vogel sah ein wenig vernachlässigt aus, räudig, das Gefieder fadenscheinig. Es ist lang her, daß ich ein solches Exemplar zum erstenmal gesehen habe.

Als wir fast noch Kinder waren und uns für das Vogelbeobachten zu erwärmen begannen, waren es vor allem Greifvögel und Eulen, die uns interessierten. Einige von denen erblickte man über den Feldern. Doch man wollte mehr von ihnen sehen. Daß die Tiere ihre Ruhe und Schutz brauchten, war uns klar. »Rettet die Vögel«, hieß es ja. Aber der Wunsch, auch mal eine seltene Art zu sichten, einen der Räuber »zum Greifen nahe« zu haben, ließ sich nicht unterdrücken. Die Eltern schenkten uns Ferngläser, versorgten uns mit Literatur, Bildbänden, Bestimmungsbüchern, aber das langte nicht, und sie ließen sich erweichen. Sie fragten einen Freund, Pächter eines Jagdreviers auf der Frankenhöhe, der sich auch für die Gefiederten (wenigstens manche von ihnen) interessierte, und er erklärte sich bereit, uns mal mitzunehmen.

Am späten Nachmittag fuhren wir los, und er zeigte uns die Jagd. Er hetzte seinen VW Golf über die Feldwege, erzählte von den Tieren und den Leuten in der Gegend, hielt gelegentlich an, wenn er etwas gesehen hatte, schaute mit dem Feldstecher Richtung Wald und feuerte aus dem heruntergekurbelten Fenster auf eine streunende Katze. Stichwort Vogelschutz.

Das Auto roch nach Hund, nicht unangenehm, würzig, etwas fremd. Später gab es einen Jäger im Dorf, der einen Fuchs und einen Dachs gefangen hatte und sie in einem Käfig hielt, gut erreichbar, mitten im Ort. Ich bin immer wieder mit dem Rad hingefahren. Die nachtaktiven Tiere hielten sich verborgen, aber ihren dichten, ein bißchen abstoßenden und zugleich anziehenden Geruch nahm ich wahr.

Nach der Besichtigung des Reviers stellte der Freund der Eltern das Auto ab, nahm uns mit zum Wald und zeigte uns die Hochsitze. Von dort oben aus könne man gut sehen, man bekomme vieles mit, stillhalten müsse man nur, richtig still.

Wir kletterten hinauf und warteten, während der Tag zur Nacht wurde, warteten, hoffnungsvoll, gespannt, gespannt und etwas ungeduldig, warteten, noch hoffnungsvoll, doch bereits bangend, warteten, nunmehr stetig bangend – und schließlich geknickt. Der Habicht ist auch ein Dämmerungsjäger. Aber irgendwann war die Dämmerung vorbei. Einen Schatten hatte ich den Waldrand entlangfliegen sehen, zwei Sekunden lang, das hätte er sein können. Ob wenigstens Eulen zu hören waren? Auf der Rückfahrt überlegte ich, auf die Leuchten des Autoradios blikkend, was ich gesehen hatte und was man erzählen könne. Kein Wildschein im Kofferraum, kein Reh – immerhin das.

Es war toll. Aber die Eltern verstanden es schon. Spendierten uns also einen Zoobesuch. Machten mit uns einen Ausflug zu einer Greifvogelstation. Die Adler, Falken, die Eulen und Käuze saßen so ruhig da, daß Vater sie photographieren konnte. Und wir standen vor ihnen, begeistert, vielleicht andächtig, die Flügel, die Krallen, die Augen, der Schnabel waren zum Greifen nahe.

An Weihnachten gab es einmal merkwürdige Geschenke. Sie waren nicht wie gewöhnlich akkurat verpackt und lagen nicht unterm Baum. Es waren offenbar besondere Kostbarkeiten, die es vorsichtig zu behandeln galt. Es waren zwei Vögel: Hakenschnäbel, eindrucksvolle Fänge, lange Flügel, lebensgroß, ausgestopft. Ein Mäusebussard und ein Habicht. Wo die Tiere herkämen, fragten wir natürlich, Stichwort Vogelschutz, aber die Eltern konnten uns beruhigen. Ihr Freund, der Jäger, habe sie vorbeigebracht, an der Straße habe er sie gefunden, mit gebrochenen Schwingen. Bedauerlich, sicher, doch er habe sie aufgelesen und zum Präparator gebracht. Das waren nun unsere.

Der Mäusebussard hatte die Flügel zusammen- und eng an den Körper gelegt. Er posierte, als habe er sich gerade auf dem Pfosten eines Weidezauns niedergelassen, um Ausschau zu halten. Wie bei seiner Art üblich, war er unregelmäßig gefärbt. Die Flügeldecken hatten zwar halbwegs vorschriftmäßiges Dunkelbraun, Kehle, Brust und Bauch allerdings waren wirr gesprenkelt, erdfarben, gräulich, weiß. Dunkle Backenbartflecken hatte er, schön gezauste wärmende Hosen, und die braunen Glasaugen verliehen ihm etwas Entspanntes, fast Freundliches.

Beim Habicht hingegen: orangene Iris, das Schwarz der Pupille undurchdringlich, ein stechender Blick. Der Präparator hatte sich bemüht, das Wesen des Vogels in seiner Gestalt abzubilden. Die Flügel des Habichts waren angestellt, leicht vom Körper abgewinkelt, gleich würde er sich vom Ansitz abstoßen und auf Hetzjagd gehen. Den Schnabel hatte er aufgerissen, man sah den rot ausgepinselten Rachen; warn-, alarmfarben waren Beine und Füße, die Fänge geöffnet, die langen Zehen mit den schwarzen, scharfen Klauen in Position gebracht. Ein wenig mager wirkte der Vogel, aber zu allem bereit, auf gefährliche Art schlechtgelaunt. Ein wilder Kerl, ein bißchen Bestie. Daß die Flügelfärbung und die Zeichnung des Brustgefieders die eines Jungvogels waren, fiel uns damals gar nicht auf.

Mein Bruder bekam den Bussard, den faulen Hund; ich nahm den Habicht. Sie hingen dann an der Kinderzimmerwand und schauten sich um. Die Murmelaugen leuchteten nicht im Dunkeln, wer das behauptet, erzählt Quatsch.

Bald verschwanden sie aber wieder aus den Kinderzimmern, die Jugendzimmer wurden. Mit Freunden rauchen, Zappa hören unterm röhrenden Hirsch – undenkbar. Einige Wände haben sie seitdem gesehen, der Bussard und der Habicht. An einen Kellerraum mit Kabelfernsehanschluß erinnere ich mich, wo ich lange

Nächte verbrachte. Die Wand, an der die Vögel hingen, war getäfelt und roch leicht – nach Lack und Wald.

Heute findet man die beiden in einem Holzhaus, das Spuren der Witterung trägt, die Jahre aber erstaunlich unbeschadet überstanden hat. Graue Flechten bedecken das Dach, die Balken und Bretter haben gearbeitet, doch morsche Stellen sind nicht zu finden. Das Haus, die Hüddn, steht im Garten der Eltern und ist dem Bruder meines Vaters gewidmet; Wandersachen von ihm hängen dort. Neulich bin ich mal wieder hinein. Ein angenehm trockener Geruch, man denkt an den Duft von Nadelbäumen. Vom Holz der Wände, der Stühle, der Tischplatte kommt das, vielleicht auch von den Sitzkissen für die Gartenstühle, die nun hier liegen, nachdem sie im Sommer draußen der Sonne ausgesetzt waren.

Gegenüber vom Eingang sieht man den Bussard, entspannt wie eh und je, fast elegant in seiner Gelassenheit. Daneben, übers Eck, etwas tiefer gehängt, schaut der Habicht nach wie vor furchterregend feurig in die Welt. Ein wenig wirkt's, als grimassiere er, routiniert wie ein mittelprächtiger Schauspieler bei der hundertsten Aufführung.

Etwas staubig beide. Fährt man mit dem Finger über die Federn, spürt man die Körner. Zeit ist vergangen, doch die beiden sind unversehrt, der Präparationstechnik sei Dank. Mir fällt auf, daß ich mich noch nie getraut habe, ihre Krallen zu berühren. Wozu auch.

AGUJA

One moment it's in the sky, the next it has vanished.
SIMON BARNES

Der erste Eindruck ist der erwartete. Die Volieren sind groß, viel größer, als man sie aus der Kindheit in Erinnerung hat. Damals saßen die Greifvögel in kleinen, dunklen Verschlägen, heute sind es geräumige Käfige, die nicht nur Platz für eine Sitzstange bieten, sondern für Pflanzen, Astwerk, einen Unterstand im hinteren Bereich, wo die Tiere den Blicken der Besucher entzogen sind.

Einige Meter in jeder Richtung messen die Volieren, so daß die Vögel, wenn sie von einer Sitzgelegenheit zur nächsten hüpfen, kurz die Flügel ausbreiten können. Über sich sehen sie den Himmel.

Auch der Steinadler sieht ihn, der sich ganz vorne ans Gitter klammert und beständig den Kopf hin- und herbewegt. Ein Bild wie im Raubtierhaus eines Zoos.

*

Ein Fuß lag da, mehr nicht, die Zehen verkrampft. Kein Vogel hing mehr dran, bloß ein Schildchen mit einer Telephonnummer.

Der Herr aus Recklinghausen, dem du später am Telephon vom Ableben seiner Brieftaube berichtetest, schien vor Enttäuschung kaum Worte zu finden. »Mhm. Nur der Fuß? Na. Tja. Nichts weiter? Ja. Kann man wohl nichts machen. Wohl der Habicht.« Sollte seine Vermutung auch nicht zutreffend gewesen sein – welcher Habicht läßt sich einen Taubenfuß entgehen? –, sie weckte dein Interesse.

*

In der Kindheit gab es über den Feldern Mäusebussard und Turmfalke. Schöne Vögel. Man konnte dabei zusehen, wie die herumsegelten und mal rüttelnd am Himmel standen. Meistens saßen sie allerdings schlicht herum, in der Wiese, auf einem Pfosten, in einem Baum. Packend war das auf Dauer nicht.

Die vogelkundliche Sehnsucht richtete sich bald auf andere, den Sperber, den Habicht, die Adler, jene, die seltener waren und die man nicht so leicht zu Gesicht bekam, die nicht im Ungefähren kreisten, sondern verkörperten, was das damals noch geläufige Wort vom Raubvogel andeutete: »Breathtaking […] violence« (Levine). »Gefährliche […] Erhabenheit« (Macdonald). Das Dunkle und Unheilvolle. Das »Gesetzlose« (Burke). Die Naturgewalt. Die Schönheit der »Gewitterwolke«, den Geruch von »Tod und Schwierigkeiten« (Macdonald). »Ohne Vorwarnung hielt [der Falke] einfach im Flug inne, warf die Flügel hoch und tauchte senkrecht in die Tiefe. Es sah aus, als würde er entzweigespalten, wie ein Pfeil schoß sein Rumpf aus dem kräftig gespannten Flügelbogen. Sein Sturz hatte eine unheilvolle Kraft, als wäre er geradewegs vom Himmel herabgeschleudert worden.« (Baker)

*

Manchmal kann man die Intensität erahnen, die von diesen Tieren ausgeht und die Thema großer Literatur ist. Etwa wenn man mitbekommt, wie ein Sperber auf eine Hecke zufliegt, in sie hineinfährt wie ein Eishauch und plötzlich dort, wo gerade noch eine Singvogelidylle war, Totenstille herrscht. Oder wenn, in der Nähe des Friedhofs, auf einmal ein breitschultriger Schatten über uns auftaucht und fünf Ringeltauben, die in größter Gelassenheit in einer hohen Buche gerastet haben, krachend aus dem

Geäst ausbrechen und laut schlagend davonstreben, in einem schnurgeraden, alle Kräfte verzehrenden Flug. Doch sind solche Momente selten im Leben eines Allerweltsvogelbeobachters.

*

Nach dem Telephonat mit dem Taubenhalter hast du auf Spaziergängen begonnen, genauer hinzuschauen. Beim Fuß aus Recklinghausen blieb es nicht. Am Fluß, auf der Krone eines Deiches, eine Ringeltaube, gründlich gerupft und ausgeweidet. Am Waldrand eine weitere, die Augen wie zerbrochene Knöpfe. In der Nähe des Großmarkts eine junge Möwe, die von einem Greifvogel liegengelassen worden war, nachdem er sich an den Muskeln sattgefressen hatte. Ihr Kopf fehlte, vermutlich das Werk eines Fuchses.

Vor allem fandst du Federn, die vom Wind verteilten Flusen eines Brustgefieders, die Überreste einer Stadttaube, einer Elster, eines Eichelhähers, einzelne Federblätter und wild durcheinandergeworfene Gefiederstücke aller Größen und Formen, herausgerissen aus dem Körper des geschlagenen Vogels, dann wieder sorgfältig nebeneinander arrangiert, die Kiele innenliegend. Anregungen für die Vorstellungskraft.

*

So gehe das nicht, bemerkt H., während wir vor der Voliere stehen und den Steinadler betrachten, wie er auf irgend etwas wartet, von unendlicher Unruhe erfüllt. Wir wechseln zu seinen Käfignachbarn, den Bart- und Mönchsgeiern, die anscheinend ungerührt die Zeit verstreichen lassen. Doch dann ziehen wir weiter, um nach den Urhebern der durchdringenden, langgezogenen Schreie zu suchen, die seit geraumer Zeit die Luft erfüllen.

Wir kommen zu einer Wiese, in der Holzpflöcke und niedrige Sitzstangen stecken. Auf ihnen, mit Lederriemen angebunden, ungefähr zehn Greifvögel, darunter Schwarzmilane und mehrere Wüstenbussarde. Der aus Amerika stammende Wüstenbussard, Harris's Hawk, ein Lieblingsvogel der Falkner, ist ein soziales

Tier, wie auch an seiner Jagdmethode ersichtlich ist. Die Wüstenbussarde gehen in kleinen Gruppen auf Hatz, kreisen die Beutetiere gemeinsam ein oder treiben sie einander zu, zu Boden wie in der Luft. Was man hier hört, mag also ihre übliche Kommunikation sein, Austausch und Verabredung, vielleicht auch Ausdruck der Erregung angesichts der bald beginnenden Flugshow, und trotzdem klingt es wie ein Klagegesang.

Hinter der Wiese hocken auf einer geschotterten Fläche vor einer Fichtenschonung die Adler, ihre breiten Körper sind in zwei bis drei Metern Abstand nebeneinander aufgereiht. Auf den Sitzstangen machen sie kaum Sperenzchen. Einer schüttelt ab und an Kopf und Flügel, ein anderer vertritt sich die Beine, ein dritter reagiert mit ruckenden Kopfbewegungen auf die Welt um ihn herum.

In der Mitte sitzt ein junger Seeadler. Den Kopf zwischen die Schultern gezogen, schaut er ungerührt auf den Weg, auf dem die Menschen mit ihren Photoapparaten an ihm vorbeiziehen. Oder: über diesen Weg, die Menschen und die Apparate hinweg. Ist er mürrisch oder stoisch? Untaugliche Begriffe.

Ganz rechts, etwas zurückgesetzt, ist der Platz eines prachtvollen, trotz moderater Größe beeindruckenden Greifs: schneehell am Kopf, am Bauch, am Rücken, kastanienbraun die Schultern und Hosen, tiefschwarz die Schwingen, der Schnabelgrund von so lichtem Gelb, daß es im blanken Weiß des Gefieders leuchtet, die Schnabelspitze in einem bleidichten Grau. Der leicht nervös wirkende Vogel wirft immer wieder den Kopf in den Nacken und stößt gedehnte Töne aus. Wie das Aufschreien oder erschrockene Lachen einer jungen Frau klingt das, wie eine melancholische Möwe, wie ein von einer hohen Baumkrone herunterrufendes Urwaldtier. Der Schreiseeadler, »the Voice of Africa«.

Unter den vielen Kindern, die übers Gelände laufen, ist ein kleiner Junge, der die Rufe des Habichts täuschend echt imitieren kann. Man möchte ihm stundenlang zuhören.

*

Dann: Schleiereule, Turmfalke, Milan, Schakalbussard, Schreiseeadler, Wüstenbussard. Einer nach dem anderen werden sie von den Falknern auf die Wiese getragen, losgemacht, in die Luft gelassen, und kaum, daß sie aufgestiegen sind, werden sie mit einer Portion Fleisch zurückgelockt. Tausende Küken müssen hier in großen Gefriertruhen vorrätig gehalten werden.

Vielleicht drei-, viermal darf jeder Vogel in die Luft, so lange, wie es für ein paar erklärende Sätze und die eine oder andere Anekdote braucht. Ein paar Flügelschläge lassen sich machen, bevor der Handschuh des Falkners wieder angesteuert wird. Wenige Meter nur liegen zwischen Faust und Faust, und manchmal reicht es, die Schwingen kurz auszubreiten, schon erhält man die nächste Belohnung. Nach wenigen Minuten ist die Vorführung vorbei. Die Lederriemen werden um die Fänge gelegt, das Klingeln der Falknerglöckchen wird leiser, zurück geht's in die Voliere, die ein Wartezimmer ist.

Während die großen, schweren Weißkopfseeadler von einer Baumreihe hinter der Wiese aus auf den Handschuh des Falkners zusegeln, streichen sie eine Handbreit über die Köpfe der Zuschauer hinweg – ein wohlkalkulierter Effekt. »Locker bleiben, der kann das«, ruft der Falkner mit dem Mikrophon – und erzählt von einem der jungen, hier gezüchteten Adler, der mehrfach aus der Flugshowroutine ausgebrochen sei. Cliff habe gerne mal »Extrarunden« gedreht, sei zu einer in der Nähe befindlichen Talsperre abgezogen und habe dort Fisch erbeutet. Die Folgen seines Eigensinns: temporäres »Flugverbot«.

*

Der zweite Teil der Schau findet jenseits der Wiese statt, an einem Waldrand. Nun dürfen Seeadler, ein spanischer Kaiseradler und Kordillerenadler fliegen. Die Radien der Runden werden größer, die Zeit dehnt sich, und manche der Vögel vergessen für eine gewisse Dauer die Faust des Falkners, die nächste Belohnung, jene Portion Fleisch, für die sie eine Portion Flug abliefern.

Sie steigen hinauf, bis sie für die Zuschauer nur noch Häkchen am Himmel sind, treiben ab und verschwinden hinter den Wipfeln des Waldes. Vor allem den Kordillerenadlern werden längere Flugzeiten eingeräumt. Sie dürfen Wind aufnehmen und mit Hilfe der aufsteigenden Wärme dorthin gelangen, wo allein die Vogelperspektive zählt. Dann werden sie unter lautem Rufen ihres Namens zurückbeordert. Ein Akt der Dressur. Und doch ist nicht alles, was darauf folgt, Ab- und Zurichtung.

Die in den Anden heimischen Kordillerenadler, auch Agujas oder Blaubussarde genannt, sind spektakuläre Flieger. Haben sie das Küken erspäht, lösen sie sich mit sieben, acht Schlägen aus ihrem Segelflug, winkeln die Flügel an und nehmen Fahrt auf. Aus dem Fliegen wird ein Fallen, aus dem Gleit- ein Sturzflug. Über mehrere hundert Meter rauschen sie heran, stürmisch, doch hochkontrolliert, in einem weiten, sauber gezogenen Bogen, wie auf einer Achterbahn fahrend. Kurz bevor sie landen, öffnen sie die Flügel und bremsen den Sturz ab, so daß sie das Stück Fleisch, das der Falkner in die Luft schleudert, aufnehmen können, und noch während sie es packen, drehen sie erneut Richtung Tal ab und gewinnen, die Beute zwischen ihren Krallen verspeisend, mit dynamischen Flügelschlägen abermals an Höhe. Ab dafür.

Man weiß, es ist eine vom Menschen ersonnene Choreographie. Doch wie einer der Kordillerenadler, Cara heißt er, dem Himmel entgegenstrebt, sich Zeit nimmt und aufs neue offenbar genüßlich in die Thermik legt, als wolle er den Moment hinauszögern, da er hinabstößt, niederfährt, als entlade sich die Luft, seinen Bogen wenige Meter über unseren Köpfen zieht, auf daß wir das Spiel der Muskeln, die Steuerbewegungen, den Blick, die Streckung der Beine wahrzunehmen vermögen, das Zugreifen, die Wucht, die nichts Gewalttätiges an sich hat, die Selbstverständlichkeit und Eleganz, mit der der Vogel dies alles tut – das läßt einen nicht kalt.

Es ist ein Bild, das dir wohl künftig vor Augen stehen wird, wenn du auf die Karkasse einer Taube stößt.

*

Die Falkner packen ihre Sachen zusammen. Die Vögel, auch Cara, kehren auf die Sitzstangen zurück – bis auf einen, der noch auf dem Lederhandschuh sitzen bleiben muß, um sich photographieren zu lassen, Aug' in Aug' mit denen, die sich trauen.

Eine gelungene Show. Nur mit einem der Vögel sind die Veranstalter nicht recht zufrieden, mit einem Seeadler, der nicht mittun mochte. Kaum fünf Meter war er bereit, sich von seinem Betreuer zu entfernen. Dann ließ er sich fallen, wartete ein Weilchen ab und hüpfte zurück auf die Faust seines Herrn, um sich Futter zu holen.

Sein Betreuer fuchtelte herum, rief energisch, aber der Vogel war zu keiner majestätischen Flugeinlage zu bewegen. Als ihn der Falkner schließlich mit einer weitausholenden Armbewegung in die Luft schleuderte, klappte er kurzerhand die Flügel zusammen und torkelte wie eine geschossene Ente ins Gras. Da saß er ein wenig, wackelte mit den Flügeln und kehrte wieder zurück.

Ein letzter Wurf. Der Vogel stieg einen Moment lang lustlos auf und plumpste herunter. Bartleby, Bartleby. Ein Mäusebussard hätte das nicht besser hinbekommen.

DIE TAUBEN AUF DEM DACH

Für unsere Eltern

Kühler ist es geworden, man kennt das kaum mehr, zwanzig Grad, im Arbeitszimmer am Computer bemerkten wir in den vergangenen Tagen aus dem Augenwinkel, daß sich nebenan stetig etwas vertikal bewegte, hinauf und hinunter, und als wir aus dem Fenster sahen, sahen wir, wie die eine Türkentaube auf einem Querbalken unter dem Balkon des Nachbarn ausharrte und die andere ihr Zweige und Reiser zutrug. Die beiden, scheu wie Tiefseefische, die Tränke im Garten nur aufsuchend, wenn man gehörigen Abstand hält, bauten in diesem Jahr noch einmal ein Nest.

Der Garten wird heuer nun nicht mehr gegossen, ausgenommen sind die Kübel mit der Fuchsie, dem Sonnenhut und der Feschen Fanny, umfänglich wie ein Hüpfball für Riesen, an ihr tun sich Bienen, Schwebfliegen, klein und schmal wie abgebrochene Bleistiftminen, und eine Hornisse gütlich.

An der Seitenwand der gelben Garagen der Wasserhahn und die grüne Gießkanne – und unter der Kanne ein Weberknecht mit einem orange leuchtenden Körper. Man soll nicht denken, der Weberknecht habe keinen eigenen Willen.

Die Kanne gefüllt, zur Feschen Fanny hinübergetragen, dort ein bestrickender Admiral *(Vanessa atalanta)*, alle Eitelkeit der Edelfalter, ja der ganzen Erde dürfte er auf sich versammeln.

Eine Futterstelle linker Hand unter den Sonnenblumen, zwei Häuflein gerösteter Haferflocken vor dem rechten Garagentor, das geöffnet sein muß, so fürchten sich die Vögel nicht.

Bange ist dem Türkentaubenpaar, zurückhaltend getönt sind sie beide, auch vor den Spatzen weichen sie zumeist zurück, aber der Hunger besiegt bisweilen die Angst, und sie kehren kurz ein.

Heute morgen hatten wir vergessen, Futter auszulegen und die Wasserschalen zu reinigen und frisch zu füllen. Früh hatten wir die Arbeit aufgenommen, uns abgeseilt in den Textschacht, wir stierten auf den Bildschirm und ließen ab und an die Tasten klappern. Einmal hoben wir den Kopf, und drei Meter vor uns, auf dem First der nämlichen alten Waschküche, saßen zweisam die Türkentauben, putzten sich gegenseitig, ruhten, blickten uns an und zwischendurch hinüber zum Äsungsplatz.

Dann ließen sie sich zur Garage hinabfallen. Wir standen auf, schoben den Stuhl zurück, gingen vor die Tür und richteten für sie das Frühstück an.

LAUTE UM HALB ACHT

Quäck. *(Sehr kurz, naturgemäß.)* Schälp-tschilp. Schilp. *(Jovial.)* Di-did. *(Entfernt.)* Bruuääääääämmm. Schhiiitschaaaaum. *(Wie vorbeiwogend.)* Kräk. Kräk. *(Rechts, recht restringiert.)* Iaaarrromm. *(Durchs vordere Fenster.)* Aaaaaeerrüüümmm. *(Von ebenda.)* Tik-tik-tik. *(Unzufrieden.)* Fie-fit-fie-fit. *(Dort.)* Trrit-trrit. *(Glasklar.)*

Weiter nichts.

Vogelperspektive

Ebendiese suggeriert, man habe den Laden im Sack – photo- und kartographiert, Überblick komplett, alles im Griff, nichts entgeht uns, die Totale als Ganzheitslösungsversprechen.

Nichts könnte, was das Leben betrifft, irriger sein. Blamable, trübselige Phantasie der Aufspreizer.

Aus voller Brust meldet ein Buchfink mit seinem belfernden Alarmkrawallschlägerruf (stimmt so nicht ganz, liest sich aber cum grano salis einigermaßen passabel) Protest an und zischt sogleich um die Ecke, auf und davon. So wird das nichts, Vogelwelt.

Allerdings hat er den Platz für einen anderen geräumt, und das folgende stelle man sich so vor: Es fällt, man registriert es nebenbei, was am Fenster vorbei, also senkrecht nach unten, die gewöhnliche horizontale Schauachse im rechten Winkel durchschneidend, wie in dieser »scene about people falling out of high buildings« von den Pythons.

Ziegel runtergestürzt? Es hätt' gekracht. Putz abgefallen? Das Ding war zu groß dafür. (Hier weitere eigene Assoziationen einfügen.)

Zum Fenster und runtergeglotzt (Vogelperspektive!). Traut man seinen Augen? Ein Kleiber war's! (Was hatte der auf dem Dach zu suchen?) Der nun, es ist wahrlich seltsam, denn Kleiber fahnden höchst selten am Boden nach Speise – und schon gar nicht auf steinigem Untergrund und in gefährlicher Nähe zum Menschen –, der nun in der efeueingerahmten Sitzecke vor der Küche unter den Plastikgartenstühlen herumwuselt und aus den Ritzen des Verbundsteinpflasters Ameisen und andere Kerbtiere fischt. (Kein Handybeweisphoto vorhanden.)

Ein Hofkehrer, der am Tag des Herrn schuftet. Fehlte noch, daß er das Unkraut zupfte und das Moos herausrupfte.

Gewiß, unser Sonntagskleiber wäre auch für die Straßen- und die Rinnsteinreinigung verwendbar und als Brigadier, der die weitgehend arbeitsscheuen Spatzen anleitet, ein Volltreffer. Wieso indes (Nebengedanke!) trägt ein nassauernder, manifest unzurechnungsfähiger und in den militärisch-industriellen Propagandaapparat verstrickter TV-Ankermann ausgerechnet praktisch seinen Namen? »Ist denn die Welt nicht schon voller Rätsel genug« (Goethe)?

Ach, dies alles bedeutet wahrscheinlich nichts, und das ist gut und wärmt das Herz, und man kann dergleichen in einer gedimmtsonnig illuminierten, holzwürdig interieurisierten, ein bißchen weihnachtlich anmutenden Gastwirtschaft notieren, eingehüllt in leises, gemütliches Gemurmel. Das sind die Genüsse der Ebene.

SANFTE VERNUNFT

Ihr Lämmer, Schwestern sind, / mit euch verglichen:
die Krähen: / ihr blendet einer den andern.
HANS MAGNUS ENZENSBERGER:
»Verteidigung der Wölfe gegen die Lämmer«

Vor einem Spiel gegen Bayern München sagt Julian Nagelsmann, Trainer eines Fußballvereins aus Leipzig, am 12. September in einer Pressekonferenz, »daß man Respekt haben muß vor jedem Lebewesen, vor jedem Gegner«, und selbstverständlich, fährt er fort, werde die Partie ein »Abnutzungskampf«.

Dieser Mann ist – so gut wie jeder andere aus diesem schamlosen, grenzenlos frechen Gewerbe – die Inkarnation der punktuell sprachhygienisch lackierten abgrundtiefen Asozialität dieser verlorenen, völlig zertrümmerten Zeiten, in denen derart obszön bigotte Berserker Leitbilder sind. Eine Behörde möge diesen Gegenwartsmenschen ein halbes Jahr Murmeltierbeobachtung verordnen (impliziert striktes Klappehalten und Stillsitzen) – oder das Studium der »Volksversammlungen« (Vitus B. Dröscher) der Rabenkrähen auf einem Baukran im Spätsommerabendlicht.

Wieviel Lebensklugheit und gegenseitiges Vertrauen aus diesem legeren Verhalten sprechen. Nach und nach treffen sie aus dem Umland ein, reihen sich auf den Stahlstreben auf und beginnen liebevoll zu schwatzen, ja zu summen und zu flöten, nicht umsonst gehören Rabenvögel zur Unterordnung der Singvögel.

Man bezeichnet solche Lautäußerungen als Subsong oder Flüsterlied. Es ist eine Art friedliche Feier des Tages, ein Einsingen, eine Begrüßung der Nacht, ein Lob des baldigen erquickenden Schlafs, das Jugendliche wie Adulte anstimmen, vornehmlich aber wohl die Juvenilen.

Während dieser munteren Messe werden natürlich keine territorialen Ansprüche erhoben, im Gegenteil, das Beisammensein wird um seiner selbst willen willkommen geheißen, das Kollektiv als Verkörperung der sanften Vernunft gepriesen.

Zwischendrin fliegen immer genau vier Emissäre hinüber zum Nachtlager, zu den Schlafbäumen, sehen nach dem Rechten, kehren mit froher Botschaft zurück und setzen sich wieder zwischen ihre Brüder und Schwestern.

Eine Nokturne ist das, in der synästhetisch das Morgenrot anklingt. Und die elenden Klopps und Tuchels, diese ewigen Schreihälse, Schundredner und Schinder, werden nie ein Ohr dafür haben.

Wissenschaft

MAL 'NE FRAGE

Krumenbrauner Mäusebussard auf Photovoltaikriegel zwischen Heilsbronn und Raitersaich, ansitzend. Guter Anblick?

BUBO

Recht selten sieht man Eulen. Auf einer Ostseeinsel verbrachten wir mal zehn Tage in der Nachbarschaft eines Steinkauzes, der gelegentlich auf einem Metallhaken an einem Scheunentor saß und ruhte.

Dort, wo wir wohnen, lebt einer in einem breiten, von einem Bach durchzogenen Tal mit Pferdekoppeln. Einmal konnten wir ihn in der Abendsonne abtauchen sehen. Gewöhnlich vernimmt man aber nur ab und an sein helles, kieksiges »Huui, huuii, huuiii«.

Folgt man dem Weg bergan, hinaus aus dem Tal, erreicht man schnell den Mischwald. Hier haben wir den einfachen, dunkel getönten Ruf eines Waldkauzes gehört, das Tremolo, lange nachhallend im Resonanzraum der Nacht. Wir kommen regelmäßig hierher, aber meist steht der Wald still und schweigt. Jüngst allerdings meinten wir, zwischen Eichen, Buchen und Fichten junge Waldohreulen vernommen zu haben, flehend und hilfsbedürftig. Der ganze Totenvogelquatsch.

In der Nähe liegt ein Naturschutzgebiet, da soll sogar der Uhu brüten. Als wir uns das mal anguckten, sahen wir lediglich einen Steinbruch, einen Tümpel, Gestrüpp und Haut und Knochen eines geschlagenen jungen Greifs.

Im Vogelpark kriegen wir ihn zu fassen. In einer kleinen Voliere sitzt der massige Bubo, eine Armlänge entfernt. Die gewaltigen Klauen sind um die Sitzstange gelegt, sein schwarz und ockerfarben gemustertes Brustgefieder wirkt wie aufgeschüttelt, sein Gesicht ist nobel gezeichnet. Die Federbüschel liegen nah am Kopf, die Augen hat er meist geschlossen. Manchmal geht eins auf und rasch wieder zu, jenseits des Gitters spielt sich nichts von Interesse ab. Für einen Moment sieht man das tiefe Orange der Iris und die nachtschwarze Pupille.

Er wartet, irgendwann wird er fliegen. Er verlagert sein Gewicht, hebt ein Bein, dann das andere. Er bewegt leicht den Kopf und sperrt den Schnabel auf, als würde er gähnen. Kein Laut, nicht einmal ein Hauch aus seiner Kehle.

Später im Jahr, während eines Abendspaziergangs, über den Straßen die Lichtkleckse der Laternen. Aus einer hohen Tanne ein Ruf, ein trockenes »Buh«. Dann Stille. Kann nicht sein. Oder doch? Vielleicht ein Jungvogel, der übers Land streift, um ein eigenes Revier zu finden? Wir warten. Und dann noch mal, fast weich: »Whuuoh.«

Uns fährt der Schreck in die Glieder. Und die Freude.

DIE SINGDROSSEL

Singen tut die. Abends, wenn man rausgeht, singt sie. Und wenn man zurückkommt: auch noch. Morgens singt die aber auch. Singt, wenn man zur Arbeit fährt. Und wahrscheinlich mittags. Und wenn man heimkommt, da singt sie dann immer noch. Aber vor allem morgens. Sie singt, wenn es hell wird. Und dann stundenlang. Jedenfalls am Sonntag. Und am Samstag. Und an Pfingstmontag, da ist ja auch frei. Wahrscheinlich auch, wenn nicht frei ist. Da hinten am Waldrand singt sie dann. Aber auch hier im Park. Oder drüben am Ortsausgang. Selbst am Weg, da am Zaun. Singt ausm Gebüsch heraus. Singt von der Baumspitze aus. Oder 'nem Zweig, da sitzt sie dann und singt. Manchmal siehst du sie, manchmal nicht, aber singen hören tust du sie eigentlich immer. Singt meistens eher kurz. Aber auch längere Sachen. Dazwischen Pause, dann singt sie wieder. Singt hoch, also eher von oben. Dann wieder unten, also tief. Es ist wie ein Song, ein kurzer Song, wie verschiedene Songs. Erst singt sie so, dann anders, dann wiederholt sie es. Und dann noch einmal. Du meinst, sie hört endlich auf zu singen. Und dann singt sie weiter. Singt im Grunde immer weiter. Also echt viel. Es hört kaum auf. Ziemlich lang singt sie. Sehr lang. Auch ganz schön. Ziemlich schön eigentlich. Müßten Sie echt mal hören.

FRÄNKISCHER SPÄTSEPTEMBER

Das Artensterben schreitet weltweit massiv voran. Betroffen sind laut einer neuen Studie allein in Nordamerika Milliarden Vögel.
FAZ, 20. September 2019

Wir sind im Krieg mit der Natur.
UN-GENERALSEKRETÄR ANTÓNIO GUTERRES,
21. September 2019

And now I have finally seen the end.
MUSE: »Madness«

Wenn die Stille Einzug hält
Und die Welt sich selbst gefällt,
Schaut der Vogel ganz gemach.
Gleich fließt wech der ruhige Daach.

ALLE VÖGEL

[…] so fing ich an, mich für sie zu interessieren, und wünschte zu erfahren, inwieweit sie bewußt handelten und wieviel geistiges Vermögen sie entfalteten.

CHARLES DARWIN: Die Bildung der Ackererde durch die Tätigkeit der Würmer, mit Betrachtungen über deren Lebensweise

Es schnürlregnet schön, so, wie es immer regnen sollte. Die Blaumeisen, die sorglosen Seelentröster, läuten unterm Himmel, an dem die mattgrauweißen Wolkenbänder dahineilen, als hetzten sie vor irgend etwas davon.

Alle Vögel heißen das gut, die Haustür geht (das Schloß schnalzt), Vater pfeift seine Birder-Melodie, die es nur einmal auf der Welt gibt, und tritt in den Hof. Die Amseln raschen herbei, sie wissen, sie erhalten Speise, sie kennen und lieben ihn.

Von F.W. Bernstein auf ein Stück Pappe gezeichnete Krähen krähen dort hinten.

»Wir müssen die Innovationskraft dieses Landes zum Fliegen bringen!« bellte vor gut vierzehn Tagen der beste Politiker, den dieses Land je sah (Scheuer, Bundesverkehr), bei Anne Will, auf ARD-alpha dösen die *Panoramabilder*, in den Morgenschlummer gewiegt von Zithermusik.

Vorgestern war der elendste Tag des Jahres, der 3. Oktober, gewiß Anlaß genug, den Stand der Dinge zu steinmeiern, die Zuver- und Wohlsicht zu mehren.

Der Erderschöpfungstag (Earth Overshoot Day) liegt mehr als zwei Monate zurück, die Spezialisten haben für heuer den 29. Juli errechnet, 2015 war es der 13. August (betreffs Deutschland: Anfang Mai), 1995 der 21. November, die Subventionen (Subventionen!) für fossile Energieträger betragen pro Jahr 5,3 Billionen Dollar, das offenbar intrinsisch kaputtisierte animal rationale rast auf der Resterampe voran, Vielfraß, planetarischer Raub, Vernichtungsfeldzug, Mutter und Vater lesen die Zeitung, sie in der Küche, er in der Stube, Overtourism, 77 % des Landesfläche der Welt sind vom Menschen besetzt, zersiebt, zerrieben, Verbetriebswissenschaftlichung, Machbarkeitsterrorismus, Bioökonomie, »Nachrichten vom Leben, das verschwunden ist« (Harald Lesch), der Böhmer hat gestern im *Seven Fo 777* die Spielautomaten ausgeweidet, der Limbo, Biobauer aus dem Nachbardorf, beim Willi ein Karpfenfilet gegessen, Zähne hat er nicht mehr, der herrliche Krauter, das sei ihm wurscht, am Tag der Deutschen Einheit habe er in Wollersdorf vier Fische gepackt, übriggeblieben seien insgesamt vier Gräten, die »Kauleiste« sei voll intakt, die Köpfe habe er dito verschlungen, und Walter, der Teichwirt, meint: »*Ein* Biber in Bayern reicht! 250.000 Biber ham mir mittlerweile! Und dazu die Scharben! Und etz kummt no' der Fischotter! Mir brauchen die net! Mir sin' a aufg'wachs'n früher!«

Und der herzensgute Metzger Adam wirft, als wir uns das notieren, ein: »Mit Schreiben wär i net reich g'word'n.«

Durch die vermeintliche Entschlüsselung des Apriori der Natur ist ebenjenes im Furor des angeblichen Fortschritts aus dem Denken verbannt worden. Ein Webfehler der Evolution? Blöder Irrtum? »Gemeinsam die Klimakrise stoppen« (Flyer von Fridays For Future)?

Es spricht etwas gegen die Antiquiertheit des Lebens: der Spatz, der gestern auf dem Parkplatz des vor dem Ort auf der ehemaligen Wiese gelegenen Supermarktes in den Kühlergrill eines wuchtigen rotbraunen Pkws hineinschlüpfte. Er tat das nicht für nichts.

Spatz triste

MEISENTAGEBUCH

Der Winter hatte seine ersten und vielleicht letzten Frosttage, und vor dem Haus turnen die Kohlmeisen im Baum herum. Öffne das Fenster, atme die frische Luft und höre mir ihre scheppernden Lautreihen an. Eigentlich habe ich sie immer gemocht, vor allem das Agile, Muntere, Unverwüstliche an ihnen. Kindheitserinnerungen: Kohl- und Blaumeisen am Meisenknödel. Erste Kontaktaufnahme zwischen Mensch und Tier. Ungläubiges Staunen. Fahre sofort zum Baumarkt, um Futter zu besorgen.

*

Nach dem Aufhängen der Meisenknödel dauert es nicht lange, und zwei Kohlmeisen hängen an den Teigballen, eine in der Waagerechten. Später eine Blaumeise, sie scheint den Knödel, während sie frißt, als Schaukel zu benutzen. Nach und nach kommen weitere hinzu, von ihrer Neugier getrieben. Oder haben sie sich gar untereinander verständigt? Das gegenseitige Verständnis hat allerdings gewisse Grenzen. Man wartet nicht gerade, bis der Artgenosse mit dem Fressen fertig ist. Hie und da wird gedrängelt und gerempelt.

*

Häufige Fahrten zum Baumarkt. Gerade in den Morgenstunden großer Auftrieb, die Vögel fliegen schon gewohnheitsmäßig die neue Nahrungsquelle an. Winzige Schnäbel meißeln unentwegt die Fett- und Futterberge klein. Was diese Zwerge in sich hineinschaffen können. Sie stopfen sich den Rachen gleich mehrfach voll. Die Kohlmeisen wirken untersetzt, die Blaumeisen haben dicke Bäuche. Eine gewisse Hackordnung ist erkennbar. Zunächst kommen die Schwarzköpfigen dran, dann die kleineren Blauen. Es wird wechselseitig gemeckert. Im Busch eine Reihe von Sperlingen, die interessiert zuschauen.

*

Vor dem Fenster ruft eine Kohlmeise, daß einem das Herz aufgeht. Hell, glockenklar. »Zi-däh, zi-däh, zi-zi-bäh, zi-zi-bäh.« Meine mich zu erinnern, daß mir bei diesem Ruf schon früher das Herz aufging. Kalendarisch ist Winter, aber die Meisen verkünden das Frühjahr. Im Vogelbuch steht: Sie »läuten«, und laut ist es wirklich. Mark Cocker schreibt, »the wheezing two-note song of the great tit« sei eine der ersten »tiny gestures of spring«. Definiere »tiny«.

*

»Zi-däh, zi-däh, zi-zi-bäh.« Jeder Morgen wird nun von den Meisen eingeläutet, jeder Tag durch ihren Ruf aufgehellt, wobei *sie* bestimmen, wann es hell wird.

Die Tage werden länger und länger – viel Zeit, ihnen zuzuschauen. Vor allem im Holunder und in der Buche zappeln, baumeln und springen sie hin und her, ruhe- und mühelos, als ginge es ausschließlich um eines: darum, sich zu bewegen. Und vieles interessiert sie, vieles wird begutachtet und auf seine Beschaffenheit überprüft. Die Blaumeisen zupfen gern an den Dingen, die Kohlmeisen hacken auf sie ein. Man glaubt zunächst, es sei ein Kleiber oder ein Specht, doch es ist eine schwarze Meise, die auf einen morschen Ast einhämmert.

Zwischen Hüpfen und Hämmern ran an den Knödelspender. Und nach der Nahrungsaufnahme wetzen sie den Schnabel an einem Ast, als wischten sie sich den Mund ab. Ich muß mal wieder zum Baumarkt.

*

Es heißt, gerade die Kohlmeisen verfügten über ein weites Spektrum an Lauten, zumal sie auch andere Vögel gut nachzumachen verstehen. Grasmücken sollen sie imitieren, an das »Pink-pink«, das dem Buchfinkenschlag gleicht, habe ich mich bereits gewöhnt. Sogar eine Heckenbraunelle ist zu hören, aber ich weigere mich zu glauben, es sei eine Kohlmeise. Ich sehe ja auch die Blaumeisen, obgleich sie von den Kohlmeisen nachgemacht werden.

Seit ich die Vögel nicht nur vom Fenster aus, sondern auch im Garten beobachte, merke ich, wie groß ihr Spektrum an Warnrufen ist. Oft kommentieren sie mein Erscheinen durch Pfeifen, Schnarren und Scheppern, die Blaumeisen schrill und aufgebracht, die Kohlmeisen ungnädig, beinahe abschätzig.

Als Kind, als ich mit dem Großvater durch den Wald ging, war da vor allem ein Wispern in den Wipfeln. Merkwürdig.

*

Wie meistens: Meisen am Meisenknödel. Ein häßliches Wort: Meisenknödel. Meisenknödel, Meisenknödel.

Zum Glück gibt es andere Möglichkeiten, Vögel zu füttern. Ich hänge ein hölzernes Vogelhäuschen auf, in dem ich Sonnenblumenkerne und Nußbruch anbiete, eine Futtersäule für Streufutter, stelle eine Bodenstation für Haferflocken hin und installiere ein sogenanntes Spechtenbistro, in das man mit Beeren oder Insekten angereicherte Fettblöcke einsetzt. Eventuell lockt man damit Grünfinken an, Amseln, Rotkehlchen, Zeisige, den Buntspecht. Ein Kleiber wäre schön. Vogelhäuschen, Vogelhäuschen, Vogelhäuschen.

Die ersten, die die Futterstationen annehmen, sind allerdings die Meisen.

*

Vor dem Fenster lautes Läuten. Lauter Läuten. Längst ist die Reviersuche in vollem Gange. Heftige Kämpfe zwischen den Männchen sind nicht zu beobachten, doch wird das eigene Terrain mit maximaler Vehemenz, mit größtmöglicher Lautstärke markiert.

Ein einziges Bimmeln und Klingeln, tinitusartig. Es kommt vor, daß ich das Fenster wieder schließe.

Nach einigen Tagen schlüpfen Kohlmeisenmann und Kohlmeisenfrau gemeinsam durch die Zweige der Buche. Ein Umeinanderherumscharwenzeln, dann wieder fast feierliche Momente, wenn das Weibchen, wie ein Junges fiepend, vom Männchen mit ritterlicher Geste ein frischerbeutetes Insekt überreicht bekommt. Sind ja doch ganz angenehme Vögel, diese Meisen.

*

Da haben sich zwei gefunden. Daß das Kohlmeisenpärchen unseren Garten zu seinem Brutrevier erklärt hat, ist schön. Daß die beiden das Gemecker nicht lassen können, strengt jedoch an. Das Futter nehmen sie, aber die Hand, die sie füttert, wird beschimpft.

Von den Nisthilfen haben sie den in der Buche hängenden Kasten gewählt. Jetzt tragen sie Nestmaterial zusammen, vor allem das Weibchen verschwindet mit Halmen und Moos im Schnabel im Kasten. Zwischendurch ruft es nach dem Männchen, das der Gattin dann Futter in die Höhle bringt oder es im Baum mit dem Gewünschten versorgt.

Daß ich ihnen dabei zuschaue, wird indigniert zur Kenntnis genommen. Anfangs nähern sich die beiden dem Nistkasten nur zögernd. Sie fliegen an, stoppen ab, schimpfen und schelten, linsen mißtrauisch zu mir herunter, drücken sich eine Weile in der Nähe des Einflugloches herum und huschen erst nach längerem Zögern hinein. Wer hat so viel Zeit zum Vogelbeobachten?

Es braucht mehrere Tage, bis sie den Nistkasten mit einer gewissen Selbstverständlichkeit anfliegen – ohne zu äugen und zu argwöhnen. Ich bin froh, daß die Blaumeisen den Nachbargarten bezogen haben.

*

Das Spechtenbistro ist schon wieder leer. Ich muß Futter nachbestellen. Die Blaumeisen aus dem Nachbargarten halten sich an ihm ebensooft gütlich wie unser Kohlmeisenmann. Erst haut er sich den Wanst voll, dann bricht er Stücke heraus und trägt sie hinüber zu seiner Frau. Insekten scheint er überhaupt nicht mehr zu fangen. Aber meckern, wenn das Spechtenbistro leer ist. Die Meisenknödel ignoriert er nun. An denen hängen jetzt die Spatzen.

*

Vielleicht meckere ich auch zuviel. Kürzlich hatte sich das Kohlmeisenmännchen eine Erdnuß aus dem Vogelhäuschen geholt, setzte sich auf eine Weinranke, hielt die Nuß mit dem linken Fuß fest und begann, auf sie einzupicken. Später lag die Nuß auf dem Boden, zur Hälfte verspeist und gleichmäßig mit nadeldünnen Kerben überzogen. Man konnte sich vorstellen, wie der Vogel nach und nach kleine Stücke aus der Nuß herausgestochen hatte.

Der Nachwuchs ist inzwischen geschlüpft. Das Leben des Kohlmeisenmännchens hat jetzt einen anderen Rhythmus. Beständig fliegt es zwischen der Nisthöhle und dem Rest der Welt hin und her, Nahrung suchend und heranschaffend, kleine Fliegen, Spinnen, Raupen. Das macht ein schönes Geräusch, wenn der Vogel an der Außenwand der Nisthöhle aus Holzbeton landet – als tippte man mit dem Zeigefinger sacht auf eine kleine Trommel.

Die Brut scheint nicht groß zu sein, drei oder vier Tiere vielleicht, nicht sieben oder acht wie unter günstigeren Umständen. Aber der Kohlmeisenmann kommt endlich ans Arbeiten. Seine Frau, die noch längere Zeit des Tages auf dem Nest bleibt, verläßt gelegentlich die Höhle, insbesondere, um ihren Teil des Futters zu verlangen. Er bedient sie klaglos, der Hormone sei Dank.

*

Mein Futterversandhändler teilt mir mit, es gebe auch Nistkästen mit Videokamera. Vögel hautnah, live gestreamt. Auf YouTube schaue ich mir an, welcher Qualität die Aufnahmen wären. Rührende Dinge bekommt man da zu sehen: Kohlmeisen, die Nistkästen wie kapitalstarke Hauskäufer inspizieren, putzige Federknäuel, sich um Nahrung balgende Junge, Elternvögel, die zugrunde gegangenen Nachwuchs aus der Nisthöhle zu entfernen versuchen. Das ist witzig wie ein Tarantino-Film.

H.-C. berichtet, ein Bekannter habe vergangenes Jahr für seine Kinder eine Nistkastenkamera installiert. Es war ein feuchter Frühling, die Meisen fanden nur wenige Insekten. Die Jungvögel darbten, froren, starben. FSK 18 sei das gewesen. Der Vater habe die Übertragung stoppen müssen.

*

Heuer ist es sonnig und trocken, unseren Meisen droht keine Gefahr. Klimawandel? Eine phantastische Sache. Auch in unserer Siedlung sterben die Insekten zwar wie die Fliegen. Aber es existieren offenbar noch ein paar Rückzugsräume – unbebauter Grund oder Gärten, in denen die Meisen Verwertbares finden.

Der Kohlmeisenmann legt einen staunenswerten Eifer an den Tag. Ein echter »Arbeitsvogel« (Bezzel). Ununterbrochen streift er durch den Garten und überprüft jeden Winkel auf der Suche nach Nahrung für die Nestlinge. Er klettert durch Apfelbeere und Kornelkirsche, in der Hundsrose geht er die Zweige einzeln ab, auch den Holunder scheint er systematisch nach Insekten abzusuchen. Selbst zwischen den Blumentöpfen oder unter den lappenblättrigen Schattenpflanzen ist die Meise, die die Welt gern von oben betrachtet, zugange.

An einem Nachmittag hat sich eine Kohlmeise in den Wintergarten verirrt. Ich muß an die Schriftstellerin Len Howard denken, die ein halbes Leben mit Kohlmeisen verbracht und vieles über den Unternehmungsgeist dieser Vögel mitgeteilt hat, die ihre Wohnung als selbstverständlichen Teil des eigenen Lebensraumes zu nutzen gelernt hatten.

Die Kohlmeise im Wintergarten scheint zwar aufgeregt zu sein. Doch sie wirkt kontrolliert. Beinahe methodisch sucht sie die Fensterfront nach einem Spalt ab, durch den sie nach draußen gelangen kann. Das ist nicht zu vergleichen mit der Panik eines Mauerseglers oder einer Ringeltaube, die sich in eine menschliche Wohnung verirrt haben.

Ich öffne das Fenster, die Meise schwirrt davon und begibt sich ohne Zögern wieder auf Futtersuche. Wer eine Ringeltaube in der Wohnung hatte, schippt erst mal Scheiße, ich koche mir einen Kaffee.

*

Sind ja doch ganz eindrucksvolle Vögel, diese Meisen. Die Hochphase des Fütterns ist erreicht. Sobald eines der Elterntiere Nachschub anschleppt, ertönt das lautstarke Fiepen der Jungvögel. Mutter und Vater sind jetzt gemeinsam unterwegs, um den Riesenhunger ihrer Sprößlinge zu stillen. Verzicht und Demut kennt die Brut nicht. Es gibt Minuten, in denen ein Elterntier drei- bis vier- oder sogar fünfmal zum Kasten kommt. Auf den Tag hochgerechnet wären das 2880 Anflüge. Parus robotikus.

Der Druck ist so groß, daß die Meiseneltern die obligatorische Fluchtdistanz zu vergessen scheinen. Bis auf zwei Meter kommen sie heran, selbst das Meckern bleibt aus. Da die Jungvögel mittlerweile vielfältigere Nahrung aufnehmen können, versorgen die Eltern sie nun häufig mit Brocken aus dem Spechtenbistro. Ich schreibe an den Versandhandel. Meisen sind doch sehr dankbare Vögel.

*

Beim Blättern durch das Meisentagebuch bemerke ich, daß etwa jedes siebte Wort »Futter« ist. Etwa meine Schuld?

*

Eines Morgens ist das Fiepen im Nistkasten verstummt. Da fährt man kurz zum Baumarkt und verpaßt den wichtigsten Moment. Ich schaue auf YouTube nach, wie junge Kohlmeisen den Kasten verlassen und die ersten Flugversuche unternehmen. Ob es bei uns gutgegangen ist? Dem Garten fehlt etwas ohne ihr Geplärr. Aus der Literatur erfährt man, daß ein großer Teil des Nachwuchses das erste Lebensjahr nicht übersteht. Not good.

Im Nachbargarten, bei Freunden, beobachten wir dann die jungen Blaumeisen, wie sie das Gelände erkunden, den Apfelbaum, die Platane, das Fenstersims, die Dachschräge. Es sieht so aus, als strebten sie nach Höherem, nach dem Platz an der Sonne, nach der besten Position, um gefüttert zu werden. Aufplustern, Flügelschlagen, Betteln, das typische Sirren. »Zi-zi-zi-zi.« »Zäh-zäh-zäh.« Unermüdlich stecken die Eltern den Bälgern Futter in den Rachen, rufen, fordern auf, weisen zurecht. Und ihre Übersicht ist lobenswert, keiner scheint zu kurz zu kommen. Es ist rührend, aber auch etwas eintönig.

*

Einige Tage später tauchen die Kohlmeisen wieder bei uns auf. Eine Bande von vier Jungvögeln stürmt herbei und rumpelt durch Büsche und Bäume.

Sie lernen klettern. Überschüssige Kräfte brechen sich Bahn. Dann wieder versenken sie sich in bestimmte Tätigkeiten – wie phantasiebegabte Kinder. Ein Jungvogel begutachtet minutenlang die merkwürdig gekerbte Rinde der Robinie, ein anderer schaut in den Nistkasten, aus dem er kürzlich gekrochen, ein dritter lugt in die Blüten der Kartoffelrose hinein, der vierte probiert, ob man auf dem Glasdach eines Windfangs landen kann, gerät ins Rutschen und fängt sich mit rudernden Flügelbewegungen. Nun merkt man, wie punktgenau und beherrscht das Herumgeturne der Altvögel ist.

*

Inzwischen sind Eltern und Nachwuchs getrennt. Wie man weiß, stellen Meisen nach ein bis zwei Wochen das Füttern ein und zeigen den flüggen Jungvögeln die kalte Schulter. Es geht einfach nicht mehr.

Das Kohlmeisenpaar sieht nach all den Strapazen bemitleidenswert aus, zerzaust, mager, das Gefieder hat Farbe verloren. Auch die Blaumeisen wirken mitgenommen. Kaum vorstellbar, daß sie in diesem Jahr noch viel geschafft bekommen. An eine weitere Brut ist nicht zu denken.

Immerhin wird weiterhin gesungen. Warum? Es ist 4.32 Uhr.

*

Die Kohlmeisenjungen wissen meine Aufmerksamkeit auf sich zu ziehen. Wenn ich morgens in den Hof schaue, sind sie dort meist zugange, beschäftigt mit der Entdeckung der Welt. Sie klettern durchs Geäst eines Rosenstockes wie durch einen Hochseilgarten, linsen unter das Vordach der Garage, rupfen an den Blättern des wilden Weins herum, ziehen Strohhalme aus der Dachkonstruktion eines Vogelhäuschens, schwirren zum Basketballkorb hinüber und hangeln an dessen Ring entlang.

Ihr Übermut ist zauberhaft. Und sie verfügen über eine kaum zu stillende Neugier. Es sind noch drei.

*

Auch Wochen nach dem Ausfliegen lassen sich die Jungen bei uns blicken. Gärten und Höfe können faszinierende und abwechslungsreiche Biotope sein. Und mit dem Lauf der Jahreszeiten gibt es stets Neues zu entdecken, nicht zuletzt im Futterhäuschen, in dem jetzt die Herbstmischung angeboten wird: Multi Fit Autumn Blend.

Allerdings ist der Zauber der Jugend etwas verflogen. Die Agilität, das dauernde Heckmeck ermüdet. Im übrigen haben die Vögel etwas Halbstarkes an sich. Unentwegt wird getönt, renommiert, auf irgend etwas eingedengelt. Von Zurückhaltung keine Spur. Sie haben sogar das Meckern gelernt. Als ich neulich unterm Holunder stand, wurde mir deutlich signalisiert, daß ich störe. »Trrr. Trrr.« Trotz Herbstmischung.

*

»Trrr, trrr. Tärr, tärr.« Ich gehe nur noch selten hinaus. Es genügt ja, die Kohlmeisen von drinnen aus zu beobachten. Am Wintergarten ist ein Vogelhäuschen angebracht, das ich nun regelmäßig mit gerösteten Erdnüssen befülle. Während ich schreibe, schaue ich gelegentlich durchs Fenster und sehe, wie sich die schwarzen und die blauen Meisen bedienen. Mit einem Mouseclick ist neues Futter bestellt. Der Erdnußbruch ist teuer, aber darunter machen sie es nicht mehr.

Die Sperlinge sind, des ganzen Radaus überdrüssig, aufs Land gezogen. Der letzte Meisenknödel vergammelt, durchweicht von den ersten herbstlichen Regengüssen.

*

Sah heute vom Schreibtisch aus, daß sich eine der jungen Kohlmeisen auffallend lange am Futterhäuschen aufhielt. Sie holte sich erst ein paar Nüsse, anschließend erklomm sie das Dach des Wintergartens, ließ sich fallen, flog erneut hinauf.

Irritiert von ihrem Treiben, bin ich hinaus. Was hatte ihr Interesse geweckt? Hatte sie in den Ritzen nach Insekten gesucht?

Die Beschaffenheit der Fensterdichtungen geprüft? Oder einfach bloß den üblichen Unsinn veranstaltet?

Folgenden Tags das gleiche Spiel. Ich schaue mir den Wintergarten noch einmal genauer an. Das Futterhäuschen hängt dort. Daneben einige Insektenhotels, die wir voriges Jahr angebracht hatten. In den Schilfröhren nisten die Mauerbienen. Dutzende Röhren sind, wie es sich gehört, mit Lehm verschlossen, andere sehen aus wie unbenutzt. Auf dem Boden liegen Erdkrümel.

*

Heute wieder die junge Kohlmeise. Bin hinaus, um nachzuschauen, und weg war sie. Doch bald flog sie erneut den Wintergarten an, und ich konnte sie durchs Fenster bei ihrem liederlichen Tun genau beobachten. Sie krallte sich an einem der Insektenhotels fest und fing an, zu hacken und zu bohren. Es sah aus, als sei sie schon geübt darin. Draußen dann Gewißheit. Sie hatte die Nisthöhlen der Mauerbienen attackiert.

Ich erinnere mich ans Frühjahr, als die rostbraungefärbten Insekten die Insektenhotels umflogen, als sie unentwegt in den Niströhren verschwanden, um Eier abzulegen und Pollen für den Nachwuchs. Ich erinnere mich an das warme Brummen und Summen dieser hart arbeitenden und friedlich lebenden Tiere. Man konnte ganz nah heran, ohne daß sie sich daran störten, so nah, daß man den gelben Blütenstaub auf den Härchen ihrer Hinterbeine sah, daß man sah, wie sie winzige Krumen mit ihren Vorderbeinen formten und zu einer kleinen Mauer verklebten, hinter der es trocken und warm war und die nächste Generation bis zum kommenden Frühjahr ungestört heranwachsen sollte.

Doch gegen die Meise gibt es keinen Schutz. Fast ein Drittel der Nisthöhlen ist zerstört, alles, was die Bienen aufgebaut haben, in den Dreck getreten, vertilgt, was die Blüte des nächsten Jahres werden sollte. Es ist ein Massaker. Und warum das alles? Aus bloßer Neugier? Aus Spaß an der Freud'? Oder weil der

Meise nun selbst die Erdnußkerne, die ich ihr offeriere, nicht mehr genug sind?

Was tun? Daß dies der natürliche Lauf der Dinge sein soll, wie H. erklärt, ist Unsinn.

*

Obwohl ich ihr ein Angebot gemacht, die Erdnüsse durch Cashewkerne, durch Macadamianüsse, durch Sultaninen und Lebkuchenbruch ersetzt habe, zeigt die Meise kein Einsehen. Bei einer Internetrecherche wird deutlich, daß andere Insektenhotelbesitzer ebensolche bitteren Erfahrungen gemacht haben. Dutzende Photos ausgeräumter, zerschmetterter Nisthilfen. Ohne Unterstützung werden die Bienen keine Chance haben.

Ich gehe zum Baumarkt und kaufe eine Rolle Maschendraht. Ich ziehe vor jedem Insektenhotel ein Schutzgitter. Ein Vogel kommt da nicht mehr durch. Vielleicht kann ich so wenigstens noch die Hälfte der Mauerbienen retten.

*

Ich recherchiere ein wenig und finde Befremdliches. In Norwegen wird die Kohlmeise »Fleischmeise« (Tjernshaugen) genannt. Wilhelm Schuster bezeichnet sie als »gewalttätig«. Ich lese von Exemplaren, die Fledermäuse jagen und deren Eingeweide fressen. Es gibt Berichte über Meisen, die Wintergoldhähnchen angreifen und verspeisen. Und niederländische Forscher haben dokumentiert, wie erbarmungslos die schwarzen Vögel vorgehen, wenn sie ihre Nistplätze sichern wollen. Trauerschnäpper, die eine von Kohlmeisen reklamierte Höhle aufsuchen, werden mit schweren Schnabelhieben vertrieben oder zu Tode gehackt.

Je genauer man hinschaut, desto deutlicher wird die notorische Grausamkeit dieser Vögel. In seinem Buch *The Charm of Birds* erzählt Edward Grey, er habe einmal mit einer Kleintierfalle unbeabsichtigt eine Heckenbraunelle und eine Kohlmeise gefangen. Als er die Falle des Morgens kontrollierte, bot sich ihm ein bemitleidenswerter Anblick. Die Braunelle war tot, ihr Schädel zerbrochen, das Gehirn aufgefressen, die Kohlmeise am Leben, »a patent and thriving murderer«.

Schon Charles Darwin wußte, daß Kohlmeisen anderen Vögeln »durch Hiebe auf den Kopf« den Garaus machen. Und noch weit vor ihm zählte Aristoteles die Meise zu den »Krummklauigen« und »Fleischfressern«: »Sie nähren sich von allem, das da kreuchet und fleuchet.« Es ist richtig, das nicht mehr hinzunehmen.

*

Am nächsten Morgen blättere ich noch einmal in Len Howards Buch *Alle Vögel meines Gartens*. Eine bedenkliche Verherrlichung der Kohlmeise. Manchen der von ihr versorgten Tiere hat sie sogar Namen gegeben: Krummschwänzchen! Wuschi!! Glatzkopf!!! Was soll man dazu noch sagen?

Ich lege das Buch zur Seite, blicke nach draußen, und schon sehe ich die Kohlmeise abermals an den Insektenhotels. Eine sofortige Überprüfung ergibt, daß sich das Drecksstück durch eine Lücke im Gitter gezwängt hat. Ich hatte den Drahtschutz nur an der Oberseite der Nisthilfen befestigt und unten offengelassen. Durch diesen Spalt ist der Vogel offenbar wie ein Kolibri hindurchgeschwirrt. Eine evolutionäre Perversion. Das Ergebnis: Nur noch ein Viertel der Niströhren ist belegt und mit Erde verschlossen. Der Rest der Insektenhotelkette liegt in Trümmern.

Ich tackere und nagele den Draht an allen Seiten lückenlos fest, kaufe eine weitere Rolle Draht, lege ein zweites Gitter um die Bienenbehausungen und spanne ein Fangnetz um den gesamten Wintergarten. Dann baue ich das Futterhäuschen ab, auch die anderen vier, kippe die Macadamianüsse in die Tonne, nehme den Meisenknödelhalter herunter (ich kann das Wort »Meisenknödelhalter« nicht mehr hören), entferne die Futterröhren aus Gebüsch und Bäumen und zerlege das Spechten-

bistro in seine Einzelteile. Ich lasse einen einzigen Futternapf für die Amseln und die Sperlinge stehen. Sollen die Meisen sich doch beschweren.

*

Inzwischen gehe ich gern hinaus aufs Feld. Rabenvögel, Graureiher, so was. An einem kühlen Herbsttag sehe ich am Waldrand eine Gruppe Schwanzmeisen. Am frühen Morgen lösen sie sich aus einem Gestrüpp aus Weiden, Weißdorn und Hartriegel und flirren über die Lichtung. In den Nächten sammeln sie sich in dichtem Gebüsch und rücken eng zusammen, um sich gegenseitig Wärme zu spenden. Tagsüber ziehen sie gemeinsam durch die lichten Wälder. So kann man auch sein.

*

Kalendarisch ist nun Winter. Zwei Blaumeisen besuchen unseren Garten. Sie schauen nach, ob sich an den Spitzen der Zweige bereits die ersten Knospen öffnen. Keine Kälte scheint in diese kleinen Körper einzuziehen.

*

Mal wieder im Baumarkt. Ein deprimierender Nachmittag in der Lampenabteilung. Frühling wäre auch mal wieder schön. Ich denke an die Kohlmeisen und daran, wie sehr mir doch immer das Herz aufging, wenn sie zu singen anfingen, schon im Januar, wider alle Trübnis und Dunkelheit.

Ich kaufe zwei Packungen Meisenknödel, gehe nach Hause und hänge sie auf. Im Weißdorn wirken sie wie Christbaumkugeln.

ROLLER

Während wir uns durch die Sonnenblumenfelder unserer Unterkunft nähern, sitzt ein Vogel auf einer Stromleitung. Gutgebaut, mit kantigem Schnabel und markanten Schwanzfedern. In der tiefstehenden Sonne leuchtet er auf, bevor er mit gemessenen Flügelschlägen davonstreicht.

Ein Grünspecht vielleicht. Wir sind unsicher. Denn rund um die in der Ebene verstreuten Gehöfte und an den langen, mitunter alleeartigen Zufahrtswegen stehen nur wenige Zypressen, Kastanien und Linden. Und wer ins Abendlicht schaut, sieht Libellen über Libellen, nicht aber Ameisen, die Leibspeise des Spechts.

Am nächsten Morgen treffen wir ihn an gleicher Stelle, und kurz bevor er wieder fortfliegt, können wir genauer hinschauen. Was grün schien, ist jetzt eher blau, eisvogelblau, doch nicht ohne Türkis. Etwas verwaschen Kehle und Brust, der Rücken rostbraun, die im Flug erkennbaren Armschwingen veilchenblau, eine geradezu unwahrscheinliche Farbpalette. Dem gedrungenen Hals und dem kräftigen Schnabel nach ist es kein Specht. Von der Statur her ähnelt der Vogel einer Krähe, der Größe nach einer Taube.

Als wir abends zurückkehren, sieht H. sie von weitem, in ihrer offenbar typischen Haltung: eine Blauracke. Für jemanden, der Kindheit und Jugend in Mitteleuropa verbracht hat, ein exotischer Vogel. Jeremy Mynott erinnert sich an sein erstes Vogelbuch, den *Peterson Field Guide* von 1954, in dem die Racke, englisch Roller, auf der Seite jener Vögel verzeichnet war, die auf Grund ihrer Seltenheit, ihres Verbreitungsgebietes oder ihres absonderlichen Verhaltens unerreichbar schienen: Hoopoe, Kingfisher, Bee-Eater, Great-Spotted Cuckoo, Nightjar. Auch bei uns war es so, in den Jahren, in denen der silberne Kosmos-Vogelführer die Welt erschloß.

Zwischen Seglern und Spechten traf man auf Eisvogel, Graufischer, Bienenfresser, Blauwangenspint, Wiedehopf und Blauracke, Vögel, die wegen ihres Federkleids und ihrer Farbenpracht so außergewöhnlich waren, daß man sich irgendwann lieber nicht mehr um sie kümmerte. Denn wer im Sommer nach Mittelfranken fuhr, sollte nicht von den Tropen träumen. Aber hier, in Südfrankreich, sitzt sie nun. Mit allen Farben, wie vorgesehen.

Zuverlässig ist die Blauracke am nächsten Morgen wieder da. Die Stromleitung ist ihr Ansitz, von dem aus sie ihr Revier überblickt und Jagd macht auf große Kerbtiere, wie es sie im mediterranen Raum in Fülle gibt: Heuschrecken, Grillen, Libellen, Käfer. Die landwirtschaftliche Nutzung läßt es noch zu. Und offenbar hält sich der Pestizideinsatz halbwegs in Grenzen.

Nachdem sie abends wieder abgestrichen ist, beschließen wir, das Blaurackenland zu erkunden: Felder, locker mit Baumgruppen durchsetzt, Wiesen und Weiden für Pferde, an der von einem Deich eingefaßten Petit Rhône Schilfstreifen, Reste von Auwald, aus denen in der Dämmerung Nachtvogelrufe dringen. Hier wird sie ihre Bruthöhle gefunden haben.

Am darauffolgenden Morgen entdecken wir nicht nur einen bunten Vogel, sondern zwei, Männchen und Weibchen womöglich. Die Blauracken fliegen auf, schlagen einen Bogen und nehmen hundert Meter weiter wieder auf der Stromleitung Platz, die eine in unsere Richtung schauend, die andere uns abgewandt. Und während sie uns aus sicherer Entfernung taxieren, sind sie eigentümlich ruhig. Kein Racken, kein Rollern, kein Krägeln, kein Kröchzen. Ein Stummfilm in Technicolor.

Gegen Abend sehen wir eine dritte, in der Entfernung wohl eine vierte Racke, lose, aber nicht zusammenhanglos über die Leitung verteilt. Wir halten an und schauen ihnen beim Sitzen zu. Wir stellen uns vor, es seien neben den Eltern die Jungvögel, mit der bereits ausgeprägten Rackengestalt, doch blasser, in der Farbgebung lediglich eine Andeutung des in den nächsten Jahren ausgebildeten Prachtkleides.

Am nächsten Morgen sprechen wir darüber, welches Glück wir haben, diese Vögel jetzt noch, im September, zu sehen, da sie längst auf dem Weg in ihre Winterquartiere in Afrika sein müßten. Als wir gegen Ende des Tages zurückkommen, hängt die Stromleitung verlassen in der Abendsonne. Der Rackensommer ist vorbei.

Kurz nachdem wir nach Hause aufgebrochen sind, sehen wir zwischen den abgeernteten Sonnenblumenfeldern einen Wiedehopf, der im kurzgeschnittenen Gras und in den Spurrillen nach Insekten sucht, die bei Erregung aufgestellte Holle liegt weich an seinem Kopf. Wir schauen ihm einige Minuten zu, dann zieht er weiter, mit breit ausgestreckten Flügeln, rackenrot und schwarz-weiß leuchtend.

PEAU DE MEAU

Flach ist es in dieser Region überall. Die Camargue lebt vom Wasser, von Überschwemmungen, ein Land zwischen Flüssen und Meer. Die Seen liegen wie geputztes Silber in der Sonne, von den Straßen aus, die durch die Lagunenlandschaft führen, sieht man die Flamingos, in die Wasseroberfläche gesteckt. Silberreiher, Säbelschnäbler, Stelzenläufer waten durch nahrhafte Brühe, Rot- und Grünschenkel, Schnepfen, Ufer- und Wasserläufer holen aus dem Brackwasser, was sie zum Leben brauchen.

Hin und wieder stößt man auf kleine, in sich geschlossene Feuchtgebiete. Schmale Wege führen durch schattenspendende Haine mit Wasserstellen, Teichen, Tümpeln. Entenpaare schaukeln auf dem Wasser, eine Rohrweihe gleitet dahin, ein Eisvogel nimmt auf einem aus dem Teich ragenden Meßstab Platz, schaut sich kurz um, sticht hinunter, um seine Farben aufzufrischen, taucht wieder auf, setzt und schüttelt sich, begleitet von sanftem Glucksen und verschwenderischem Glitzern.

Wir kommen an einem See vorbei, neben dem Weiden und Pappeln in die Höhe streben, die Greifvögel, die Kreise ziehen, könnten Fischadler sein. Die Hecken singen. Auf einer Wiese neben der Straße, in der das Wasser steht, eine Gruppe von Kuhreihern, ihr Gefieder bettlakenweiß, die gelben Schnäbel butterblumengelb vor dem satten Grün.

Dann öffnet sich die Landschaft plötzlich, und wir schauen ins Nichts. Das Naturschutzgebiet Peau de Meau. Das einzige, woran der Blick zunächst hängenbleibt, ist eine Informationstafel – und eine Schranke, die einen Schotterweg blockiert. Sie wurde, wie wir später von zwei Vogelbeobachtern erfahren, installiert, nachdem hier vor einigen Jahren illegale Rave-Partys stattgefunden hatten – mit Zehntausenden Leuten, Hunderte von Autos pflügten über das Gelände, nach der Veranstaltung bedeckte Müll, was an Natur übriggeblieben war. MDMA-Country. Heute dürfen nur noch wenige mit dem Auto hinein. Die Jäger haben einen Schlüssel und schauen regelmäßig nach dem Rechten, mit Gewehr und Hund. Die Population der Rothühner darf nicht zu groß werden. Von wegen Wildverbiß.

Wenig Grün in der kargen Landschaft. Steine allerdings sind reichlich vorhanden, mittelgroße, nicht ganz so große, ziemlich große, noch größere, nach einem unergründlichen Verfahren verteilt. Geröll, das die Ebene füllt, nichts Zerklüftetes, keine Felsformationen für den Sinn fürs Erhabene, nur nebeneinanderliegende Steine, flach- und glattgeschliffen wie von einem riesigen Gletscher.

Das ist die Crau, eine der letzten Steinsteppenlandschaften in Mittel- und Westeuropa, entstanden durch »Ablagerungen von Sedimenten großer Flüsse« (Wikipedia), trockengefallen nach der letzten Eiszeit. Ein paar dutzend Quadratkilometer sind es nur mehr, die unter Schutz stehen. Der Flächenfraß, das eiserne Gesetz der Besiedlung und Nutzbarmachung, hat den Großteil vernichtet. Ein Militärflughafen und die Müllkippen von Marseille liegen hier, und noch um 1990 mußte eine Automobilfirma dort, wo eines der letzten Brutgebiete der Kalanderlerche war, eine Teststrecke bauen.

Daß dieses Nichts erhaltenswert ist, versteht nur, wer sich statt für den neuen X6 oder Z4 für Flora und Fauna interessiert. Eine einzigartige Gesellschaft von Pflanzen, Insekten und Vögeln soll hier entstanden sein. Die Informationstafeln alle paar hundert Meter sprechen davon. Im Frühjahr muß dieses wie tot wirkende Terrain eine Verwandlung durchmachen wie die Savanne zur Regenzeit. Zwischen Schotter und Gestein sprießen dann Kräuter so üppig, daß Schafe zum Weiden hierhergetrieben werden. Wenn der Herbst Niederschläge bringt, bedecken

Blüten die Ebene. Und seltene Arten sollen in diesem sehr speziellen Biotop leben: das Spießflughuhn, die Zwergtrappe, die Kurzzehenlerche. Doch jetzt sind die meisten Pflanzen vertrocknet. Und es bleiben die Steine.

Eine Viertelstunde geht man sicher, ohne etwas zu sehen. Das Gebiet ist nicht groß, aber eine Ebene, die sich bis zum Horizont zu erstrecken scheint. Steine, soweit das Auge reicht, ein Muster, das sich allmählich im Sonnenlicht verliert. Punkte, Strukturen, Markierungen, die der Mensch braucht, um sich ein Bild von der Landschaft machen zu können, gibt es hier nicht. Fast dankbar sind wir, als wir schemenhaft ein kleines verfallenes Steinhaus sehen, später einen verlassenen Schafstall, ein verrostetes Faß, zwei, drei vertrocknete Bäume, die ihre kahlen Äste malerisch vor den blauen Himmel halten.

Auch nach einer halben Stunde sind es vor allem Steine, denen wir begegnen. Durchs Fernglas nichts als Schutt im Überfluß. Kein Lebewesen regt sich. Nur der Wind, der die trockenen Halme beugt. Seit Hunderten von Jahren faßt er an, was sich anfassen läßt, bewegt er, was zu bewegen ist, verteilt er, was sich wegtragen läßt. Und doch muß er kapitulieren vor der stupiden Beharrungskraft der Steine.

Nach einer Dreiviertelstunde eine Bewegung, die das gleichförmige Sein dieser Landschaft durchbricht. In der Ferne, über dem Kieselmeer, gleitet ein Vogel. Dann nimmt er mit wenigen Schlägen Geschwindigkeit auf, dann schaukelt er in der Brise. Rötelfalken soll es hier geben.

Am Steinhaus, in dessen Nähe er gelandet zu sein scheint, ein hellbrauner runder Fleck. Eine rastende Eule, ein Kauz vielleicht. Eine Projektion? Geboren aus dem hoffnungslosen Wunsch, etwas zu sehen?

Eine Stunde sind wir unterwegs. Nichts tut sich. Eine weitere Stunde zwischen den Steinen hindurch. Und noch eine. Wer weiß, wo das aufhört. Aber schau, die unterschiedlichen Formen der Steine! Rund, weniger rund, oval, rauh, porös, schartig, kantig. Manche anscheinend schwer wie ein Sack Zement, manche klein und leicht wie der Körper eines Käfers.

Allerlei Arten von Grau bietet die Crau, doch vor allem Braun. Zwischen dem Geröll gebrannter Lehm, Ocker, Sand, je nach Einfall des Lichts, das die Landschaft ausbleicht. Auf den Steinen fristen Flechten ihr farbenfrohes Leben, und wer sich hinabbeugt, gewahrt die Vielfalt der verdorrten Pflanzen und jener, die noch der Trockenheit trotzen, graugrün, graphit. Eine Prärie im Taschenformat.

Der Wind geht gleichmäßig. In unserem Bestimmungsbuch lesen wir, gräulich-braun und schwarz gemasert seien Nacken, Rücken und Flügel der Kalanderlerche, ihr Schnabel gelblichbraun, die Beine bräunlich-pink. Das Männchen des Steinschmätzers trägt Aschgrau, die Ohrdecken schwarz, die Flügel schwärzlich, cremefarben die Unterseite, die äußeren Schwanzfedern weiß. Das sind, wenn man's recht besieht, die Farben der Crau.

Auf einmal eine hauchdünne Bewegung in der stillgestellten Szenerie, ein Zittern, von einem kleinen Vogel, der auf einem Stein sitzt und rasch fortfliegt, als er uns wahrnimmt. Geschwind verschwindet er zwischen dem Geröll, seine Farben verschmelzen mit den Farben der Umgebung. Doch die paar Töne, die er währenddessen von sich gibt – er war's.

Wenig später bemerkt H. in hundert Meter Entfernung einen anderen Vogel, der zwischen Gestrüpp und Steinen hin- und herläuft, weniger feingliedrig, aufrecht, auf stabilen Beinen, sein markanter Kopf von einem noch markanteren Schnabel geziert. Und schließlich segeln zwei braune, fast krähengroße Vögel dicht über der Erde an uns vorbei. Ihre wehmütigen Rufe beim Auffliegen klingen nach und wecken Assoziationen, die weit wegführen aus dieser durchschotterten Landschaft. Dann sehen wir sie: geduckt, mit ihren langen Beinen und den großen Augen beinahe komisch wirkend – zwei Triele, die Brachvögel der Steppe.

Es sind ein paar Sekunden, während eines Spaziergangs, der eine halbe Ewigkeit dauert. Und auch danach kommt nicht mehr viel. Verdorrtes Gras, Flechten, Zwenken, Dornen, Ranken. Und Wind. Wind, der immer weiterweht, so oder so.

Wieder an der Schranke, stehen da mehrere Autos. Doch es sind nur Leute, die durch Spektive schauen. Zwei erzählen von Schlangenadlern, die sie vorhin in den Alpillen beobachtet haben, von den Vögeln, die es hier gibt, und von der seltenen Perleidechse. Von Steinen spricht keiner.

Eine kurze Unterhaltung, dann brechen wir auf und werfen einen letzten Blick zurück auf das, was nichts war, das Land des Steinregenpfeifers.

TENEMOS UN TRATO, È TUTTO A POSTO

Man muß warten. Das ist alles. Warten – vielleicht sogar nicht mal warten – und nichts wollen.

Zuerst dachten wir: da drüben! Am Morgen war der Regen im 36-Grad-Winkel am Fenster vorbeigepeitscht, endlich, satt und muskulös, und du konntest trotzdem jeden einzelnen Tropfen erkennen, leicht in die Länge gezogen durch den Speed, den er draufhatte.

Itzo war der Himmel aprilclean, von hinten beleuchtet durch einen dünnen Paravent. Zunächst dachten wir: da drüben, auf dem Ilex, die erste Singdrossel seit dreißig Jahren in unserem Gesichtsfeld, beingerade auf dem Lot verweilend, vollständig zu erkennen, knusperbraune Decke, »die Unterseite weißlich mit rahmfarbener Tönung auf der Brust« *(Wegweiser durch die Natur – Vögel Mitteleuropas).*

Trés bien, sie geruhte, eine Weile zu ruhen, die Amseln im näheren Surrounding hielten im Sinne eines wohlverstandenen »social behaviours« (G. Polt) Distanz, de acuerdo, really de acuerdo, klar, got it, denn diese unsere Singdrossel »genoß solche Achtung oder solch ein persönliches Ansehen, daß sogar die Amseln gehorchten« (Len Howard).

Va bene, va tutto bene. Sie saß und saß noch ein wenig mehr, sehr sitzend saß sie, sure, it's ja no deal, man!, no hay problema im Grunde, ach was!, sonnte sich sonnenfroh und pickte dann doch in die ab Oktober dargebotenen fleischig-saftigen Früchte der Stechpalme hinein. Donnerwetter! Total souverän war das. Echt, ça marche, ça marche. Wirklich nullo Einwände. Wir freuten uns.

Fürwahr, ein Schock Mehlschwalben stromerte dort oben noch immer herum, abreiseunlustig, wie die Schmarrer zu sein schienen, und zweifelsohne beugte sich derweil unsere erste Singdrossel seit dreißig Jahren, ohne auf den Gedanken zu verfallen, ihren temporären Aufenthaltsort auf dem Scheitel des Ilex geringfügig bloß zu verändern, in die dahinter aufbuschende Eibe hinein, um deren ebenso rote Samenmäntel zu lesen und sich, è fatta, è fatta!, gemütsruhig reinzuziehen. Fine, fine.

D'accord. Nein, kein Zweifel. Unsere erste Singdrossel seit Jahrzehnten. Nichts beunruhigte sie. Der Zufall hatte sie uns offeriert, nachdem wir vor dem Staubsaugen das Fenster geöffnet und eben mal so hinausgelugt hatten, just so está-bien-mäßig. Und dann peilte uns auf einmal ein Rot von ihren Flanken aus an, ein wundersam sinnlos bräunliches Rot, und wir stutzten und griffen zum Bestimmungsbuch, is' doch nich' wahr, oder, kann das sein? Ein Wintergast? Ist er's? Ist sie's?

So war's. Tenemos un trato, è tutto a posto? Quatsch. Es war eine Epiphanie. Es war die erste Rotdrossel unseres Lebens, hier, auf der Bettelhöh' im Frankenland.

APFELERNTE

Dieser Apfel dort / ist die Erde / ein schönes Gestirn / auf dem es Äpfel gab / und Esser von Äpfeln.

HANS MAGNUS ENZENSBERGER: »Nänie auf den Apfel«

In unserer Gesellschaft ist die Arbeit ein Fluch. Die Gesellschaft bestraft, wie der Gott der Genesis, mit Arbeit – doch wen bestraft sie? Die Armen, denn das einzige gesellschaftliche Vergehen ist das Elend. Elend wird mit Zwangsarbeit geahndet. [...] Wir haben die Arbeit vergiftet. Wir haben ihr Furcht und Haß beigefügt. Wir haben sie zur schlimmsten der Seuchen gemacht. [...] Warum arbeiten die Erwachsenen nicht glücklich und spielend wie Kinder? [...] Die Arbeit ist die Liebkosung, die der Geist der Materie zuteil werden läßt, und wenn die physische Mutterschaft beglückend ist, muß die geistige Mutterschaft es dann nicht auch sein? Wir haben die Arbeit entstellt; haben die Natur zu einer Prostituierten gemacht [...]. Die Arbeit muß die glückliche Ausdehnung überschüssiger Kräfte sein, jugendlicher Glanz. Sie muß die Schwester der Blumen werden, des farbenfrohen Gefieders, das balzende Vögel tragen [...]. Eine Gefährtin der Schönheit, der Wahrheit, der heiligen Lebensfreude [...].

RAFAEL BARRETT: Die Matepflanzungen

Bevor es nachher am Eingang des Rottlergäßchens bei Ingrid und Ludwig im fränkischen Bauernhaus aus dem 18. Jahrhundert, in dessen niedrigen Zimmern es akkurat so riecht wie in unserer Kindheit (ein bißchen dumpf und feucht, aber ausgesprochen angenehm, nach Nahrungsmitteln und Lebensgeschichten, augenblicklich vermerkt man, daß das Rundherum olfaktorisch nicht steril sein muß wie der Berliner Hauptbahnhof oder die Frankfurter Goethestraße), die schwarzgeräucherte Bratwurst und die Sächsische gibt, zu Grau- und Vollkornbrot, das aus dem Elysium herübergereicht wurde, müssen die Äpfel vom Baum.

Mutter ist die Lesefachkraft, die an der Robbern steht und mit dem Schwert der Begutachtung lange haltbare von weniger haltbaren Früchten trennt. Weggeworfen wird nichts. Einer von dreißig Äpfeln landet in den Beeten, für die Vögel, die Würmer, die Wespen und den Igel. (Und die Hornisse, die gerade vorbeikreuzt.)

Roter Rambour (Rambur). Gleich Lampions kleben die glühenden, luft- und lichtbecircten Proppen im silbern schillernden Blätterkleid. Sie sollten dort hängen für immer.

Links davon der Pflaumenbaum. Es ist ein Mirakel, daß der jeden Tag einfach da ist. Und oben sitzt, bevor die drei Frau und Mann starke Pflückkolonne vom gelben Haus aus vorrückt, eine Viertelstunde lang ein Vogel, den wir nicht und nicht zu identifizieren vermögen. (Seine Rache an der Wissenschaft: Ihr kriegt mich nicht zu fassen!)

Starengroß. Schwarze Brust, auffallend weißgesprenkelt. Indes vanillefarbene Kehle und rostfarbene Kappe. Heller Kopf. Spitzer Schnabel. Dreht das Haupt nach links, nach rechts, ferner nichts.

Wir tippen auf Kleinspecht. Das wäre mal was. Der Kleinspecht »sucht oft an dünnen Zweigen nach Nahrung« *(Wegweiser durch die Natur)*, allein, der Rücken unseres Singularvogels ist nicht gebändert. Ein fehlgefärbter Star? (Stare vergesellschaften sich immerzu, die gammeln nicht irgendwo alleinstehend herum, das bleibt uns vorbehalten.)

Vater schiebt, blaumann- und basecapbewehrt, die Laddern zwischen das Astwerk. Wo du hinguckst und -greifst: allerlei Schönheit, haptisch-optischer Glanz, jeder Apfel etwas für sich.

Wir Erntehelfer sind gottgefällig fleißig. (Mit dieser Form der Naturverausgabung fing der ganze Mist mit der Arbeit an.)

Paul Lafargue läge auf der Wiese. In lautstarkem Übermut teilt sich das Rotkehlchen mit, das gestern auf dem Windrädchen im Blumenkübel verweilte, seine selbstbewußt melancholische Brust in die Sonne wölbend.

Hernach, ins Grün gepflanzt, vier Holzkisten sind voll und von Mutter winterfest verstaut, hörst du alles und alle: die Meisen, den Kleiber, den Hausrotschwanz (der gegenüber regelmäßig die Mauer des Mehrfamilienhauses abwirbelt, etwaigen Schäden durch Insektenbefall wehrend, unser guter Freund, der Hausrotschwanz, und wenn das hier alles in die Grütze rattert, soll er bitte überleben).

Ein sogenannter Irrgast?

Anruf bei Thomas, der uns bereits die Rotamsel oder immerhin -drossel madig zu machen versuchte. Er blättert in einem »Collins« oder wie immer benamsten Buchding und schlägt alsdann den Braunrackeneissänger vor. Der sei's wohl gewesen. »Schreibste hin, paßt schon.«

Solche Leute dürfen heute Bücher schreiben.

Die Garage, in der die Äpfel jetzt lagern, duftet wie ein Bauernmarkt. Kleinspecht. Kleinspecht? Oder Mittelspecht? Weißrussenspecht? Drosselstarpieper?

Thomas meint, ein Würger sei es ja nun offenbar nicht gewesen. Nein, nein, die Würger seien auszuschließen. Mutter und Vater, beide Augenzeugen, winken ebenfalls ab. Nie und nimmer ein Würger.

Ins Grün gepflanzt, neben ein Beet mit Beerensträuchern. Aus dem Schulweg segelt eine junge Amsel herbei, mit einer ziselierten Kehle, und beleidigt uns scheppernd vom Zaun aus, weil wir ihren Grund besetzt halten.

»Zumindest kleine aufschreckende Momente zur Begrüßung« (SR Fernsehen: *sportarena*, 12. Oktober), wohl wahr, doch es bedarf lediglich einiger bedächtig gesprochener Worte, um Amsel Erdoğan unsere Gunst zu bekunden und die Gesamtsituation vollständig zu deeskalieren.

Fortan bleibt »der Unterhaltungsfaktor im erhöhten Bereich« (ebenda), man schnabelt miteinander, in Armlänge entfernt wendet sie den aufgetragenen Grünschnitt, Kleinwesen zu erbeuten, wirft mit braunen Blättern um sich und zerlegt einen halbverfaulten Roten Rambour (Rambur).

Seither findet sich die Amsel ein, sobald wir uns auf den Rasen setzen, an unserer Seite zu tafeln.

Und der Irr- oder Vorwintergast?

Mal ins Netz gehen. Irgendwann mal.

DIE AUSNAHME

Das Blaukehlchen, das nicht nur außerordentlich ausschaut, denn Blau ist bei den Vögeln Mitteleuropas eine seltene Farbe, sondern auch in zwei Formen auftritt, als weißsterniges und rotsterniges Blaukehlchen nämlich, das Blaukehlchen, das nicht nur wohlgeformt und feingliedrig wie ein Rotkehlchen, sondern zudem fast noch kleiner und zarter als ein Schwarzkehlchen ist, viel zarter noch als dieses ohnehin schon zarte Geschöpf, und seltener sogar als das bereits äußerst seltene Braunkehlchen, weil es in seltenen, immer seltener werdenden Gegenden wohnt, in Bruch- und Moorlandschaften, und darum unter den Kehlchen das mutmaßlich allerseltenste ist, so selten, daß wir uns als Kinder nicht einmal darüber zu informieren trauten, aus reiner Vorsicht, so speziell, daß man lieber nicht darüber sprach – weißsterniges Blaukehlchen, willste mich verarschen? –, so außerordentlich rar, daß auch die tüchtigsten Naturschützer sich nicht mehr um es zu bemühen versuchten, weil es ja keinen Zweck mehr zu haben schien, der zunehmenden und immer weiter zunehmenden Seltenheit dieses seltenen Vogels entgegenzuwirken – dieses Blaukehlchen dann auf einmal zu sehen, an der Atlantikküste, in einer trockenen, verwachsenen Niemandslandschaft, wie sie Cormac McCarthy ersonnen haben könnte, nahe einem dürftig mit Schotter bedeckten Parkplatz, auf den vertrockneten Zweigen eines unansehnlichen Gestrüpps, hinter einem Maschendrahtzaun, vor dem der Wind Plastikfetzen und anderen Unrat zusammengetragen hat, einem Zaun, der eine Radaranlage der französischen Streitkräfte abschirmt, dieses Blaukehlchen zu sehen, wie es einfach herumsitzt, mit dem Schwanz wippt, einen prüfenden Blick zur Seite wirft, uns mit einer kurzgehaltenen

Beschwerde bedenkt und dann davonfliegt, ohne daß wir diesem raren und kostbaren Vogel folgen, ohne daß wir ihm nachsetzen können, diesem sicher seltenen, doch auch ein wenig zu selbstbewußten, ja divenhaften, diesem selten dreisten Hundsfottvogel – das läßt einen denken: Wir brauchen mehr Militär. Wenigstens französisches.

WEITAB

Einer unserer emsigsten Trommler ist der Buntspecht. Hohes Ansehen heimst er unter vom Konsum- und Sport- und Generalschwachsinn noch nicht heimgesuchten Zeitgenossen (zu ihnen zählen Pilzer, Pelzer, Seufer und Sokolowsky, nicht jedoch Murrdösl, Lobomeier, Altkopf und Orschmerk) durch ein regelrecht gnadenreiches altruistisches Verhalten ein. Nicht allein, daß er innig und ausdauernd seine Jungen füttert – vergangenes Jahr gar im Hof unserer Eltern, du siehst nicht richtig! –, sondern er eilt auch anderen Vögeln bei der Aufzucht zu Hilfe, zum Beispiel den quäkenden Spatzen (Beweisaufnahmen auf YouTube unter dem Titel »Specht füttert Spatz«).

Tourismus lehnen alle unsere Spechte ab, vom Bunt- bis zum Schwarzspecht. Reisen unternehmen sie nicht, Tagesausflüge auch nicht, nicht mal in die nächstgelegene Kleinstadt trägt sie ihr wellenartiger Flug (Fachterminus: Bolzenflug). Sie bleiben, wo sie sind, belästigen keine anderen Völker, pflegen den Nachbarschaftsgedanken und erfüllen die Idee der beglückenden Bescheidung im Lokalen mit Leben.

Wer über Spechte meckert, hat sie nicht mehr alle. Nicht von ungefähr hausen die neben Murrdösl, Lobomeier, Altkopf und Orschmerk odiosesten Spechtmeckerer in Hamburger Pressehallen, Münchner Zeitungsstuben und Berliner Vollidiotenkulturvierteln. Ihnen allen seien die Druckerpressen zu entwenden und die Internetzugänge zu sperren, das Land atmete auf.

Anders als Gott Buntspecht trommelt Zeus Grünspecht selten. Sein homerisches Lachen in ungefähr drei Sekunden langen Sequenzen kennt in Berliner Vollidiotenkulturvierteln, Münchner Zeitungsstuben und Hamburger Pressehallen niemand. Sie wissen nichts, sie kennen nichts, sie bilden sich darauf was ein.

Weitab von nämlichen Stätten der geistigen Niedertracht und des totalen intellektuellen und sprachlichen Bankrotts traten wir heute vormittag vor die Tür. Ein leises, zägliches Klopfen oder Wirbeln wehte vom Pflaumenbaum herüber. Wir näherten uns mit Vorsicht und lauschten. Hm, ein Specht, logisch, aber kein Buntspecht.

Auf den Grünspecht waren wir nicht gekommen. Er ist ein Erdspecht und sucht nahezu ausschließlich nach Ameisen. Als er aufflog und sein moosgrünes Gefieder und sein safrangelber Bürzel und seine stolzrote Signalmütze über der Wiese leuchteten, für ein paar Sekunden, war das, als wohnte man einem ungemeinen Vorgang bei.

»Das sind sympathische Vögel, weil sie andere nicht fressen«, sagte Mutter hinterher. »Täglich fliegt er dieselben Routen und besucht dieselben Plätze«, ist auf der Website des NABU über den Grünspecht zu lesen, der in Herbst und Winter bisweilen auf die Früchte der Eibe und auf Äpfel zurückgreift.

Wir leiten daraus die Hoffnung ab, ihn in nächster Zeit ab und an wiederzutreffen, kurz bloß wiederzusehen, wie eine alte Liebe, die nie vollends vergeht.

ZWISCHENDURCH MAL DAS

Jetzt stimmt tatsächlich überhaupt nichts mehr. Warum auch sollte sich im postmodernen Finalkapitalismus – der seit jeher ein postfaktischer war, andere Behauptungen gehören ins eherne Inventar bürgerlicher Lügen und Mythologeme – der allerorts obwaltende Irrsinn, in dem sich umfassende Sinnlosigkeit mit der Chaotisierung sämtlicher Stoffwechselprozesse paart und paaren muß, nicht in der Natur niederschlagen oder widerspiegeln?

Nichts stimmt mehr. In einem zum Frostigen, jedenfalls deutlich Windigen und Herbstlichen neigenden, 431 Meter über NHN gelegenen Landstrich krabbelt die Säule des Thermometers am Vormittag des 22. Oktober fast bis zur 20-Grad-Markierung hinauf (in den folgenden Tagen werde es noch wärmer, trompetet das Wetterfernsehen). Die normalerweise unangebracht pauschal gutgeheißenen Meisen (die blauen), diese ungebührlich »unstetlebenden Vögel« (Johannes Praetorius, 1676, zitiert nach U. Schmid, 2018), strawanzen instant und insensibel, wie sie sich zu gebärden, ja zu gerieren pflegen, zur Haferflockensammelstelle hinüber, die wir zu beliefern signalisieren.

Unerschrocken tapselt item sogleich das Rotkehlchen herzu, uns bei jeder Gelegenheit ein guter und ob seiner Minderwucht der Barmherzigkeit bevorzugt bedürftiger Gast, sollen die Herren Vogelerkunder von dessen Zanksucht seit alters (siehe zumal U. Schmid, 2018) daherschnacken, soviel sie wollen.

»Ein Mann, der im Moment etwas sparsam guckt« (Anna Planken, ARD-*Morgenmagazin*, 30. September), indessen ist der Kleiber, er sieht gegen die drei Hausamseln, die gerade unter allerhand Radau und vorwitzigem Krach heranrücken, nicht den

Hauch einer Schnitte eines Happens und trollt sich rüber zu Elfriede und Schorsch, dort auf Muße und Lebensgefälligkeit spitzend.

Vollgas hinein grätschen in die idealiter kommunitaristische Mise en Scène eilends unsere zwielichtigen Spatzen, »dieses Gelichter« (Hans Freiherr von Berlepsch, 1899, zitiert nach U. Schmid, 2018), zu schlägern und ziellos herumzuboxen, diesen und jenen zu knuffen und zu zwicken und den monströsen Meisen gerechterweise gehörig den Schneid abzuknöpfen (auch: abzukaufen), bis endlich ein Star mit »ausgesprochen liebenswürdigem Charakter« (U. Schmid, 2018, gegen weitere Auflagen möge der Weltgeist einschreiten) vermittels dieses unverkennbaren Sink- und Absackluftbewältigungsvorganges auf den Pflaumenbaumausguck plumpst, alsobald geschwind sondierend, ob die Lage es zulasse,

»Richtung maximal spekulativ zu marschieren« (Alexander Bommes, ARD-*Sportschau*, 5. Oktober; *der* Mann ist wahrhaft der Gipfel der zeitgenössischen Hirnverlotterung), was der Fall zu sein scheint, denn zwei seiner Nassauergenossen morst und pfeift er schnalzend und ratschend an den Platz des Geschehens.

Während wir all dies zum Frommen der internationalen Wissenschaftlergemeinschaft und des U. Schmid zu Papier bringen und in eine gediehene Form zu schnitzen versuchen, um 16.16 Uhr nämlich, Stunden danach, schweben Stücker fünfzehn der eben Erwähnten draußen vorbei, um die eigene Längsachse schwankend, gen Wirtshaus und Kirche, und keine Minute später kehren sie zurück, verstärkt ums Doppelte, mindestens, das treue Rotkehlchen im Hofe weiß nicht mehr, wohin mit sich, abgeholt haben sie ihren Kloppertrupp, und die Invasion, die Intrusion beginnt, auf einen Hieb ist der Apfelbaum belagert, lärmend, quietschend, quörrend, balgend und raufend, zwischen den Blättern ramentern sie, als sei Verdun nichts gewesen, räubern rum und räumen die prallsten Äpfel ab, in Kürze akkompagniert von Kohlmeise und Spatz, ein »Spektakel« (Guy Debord) wie im Lande, allwo Milch, Honig und Schnaps fließen, die Weiber in den Wiesen liegen, die Wolken lachend von oben grüßen, und das alles –

Nun, das war zwischendurch mal das.

STOSSDORF, ENDE JUNI 2019

Eine Ausgleichsfläche zwischen Unterführung und Bahnstrecke, aufgeschossenes Gras, Vogelhecken, Brombeeren meterhoch, Birken und Pappeln, die gegen den Klammergriff der Ranken kämpfen, und die zuletzt nicht mehr nachlassende Hitze.

Es ist früh am Morgen und noch relativ kühl, jener Teil des Tages, an dem die Vögel agil, noch nicht ermattet sind von den Umständen. Die Paarungszeit ist längst passé. Doch rechnest du fest mit Vogelleben.

In den Hecken bewegen sich die Blätter. Du hörst, wie leichtgewichtige Lebewesen von Ast zu Ast hüpfen. Ein Wispern zwischen den Zweigen, hin und wieder Flattern. Aber sehen kannst du vorerst nichts.

Ein Vogel hebt zu singen an, und während du weiter in die Wiese hineinläufst, ertönt ein Warnruf. Du nimmst das Fernglas zur Hand und versuchst, den Verursacher zu lokalisieren. In den Blick fällt nur Blattwerk. Noch einmal schaust du hin, oberhalb des Busches die durchscheinende Krone einer Pappel, unten Kräuter, Schafgarbe, Flockenblume, Wiesen-Pippau, Bärenklau, Habichtskraut und Wegwarte. Also: nichts. Du setzt dich ins Gras, das bis zu den Schultern reicht. Eine Hummel brummt vorbei. Die Gräser fangen das Licht der stärker werdenden Sonne ein. Als du nach oben in den Himmel schaust, siehst du nahezu wolkenloses Blau. Vögel: Fehlanzeige.

Das Knacken eines Zweiges. Wie hier gesungen wurde, als du im Frühjahr vorbeikamst! Am Eingang des Areals, in der Nähe des asphaltierten Wegs, den gerade ein Radfahrer passiert, das Zippen eines warnenden Elternvogels. Geraschel. Hinter dem Blattgrün, dem Blattgelb, dem Blattbraun Undurchdringlichkeit.

Ein kurzes Flöten aus dem Brombeergestrüpp in der Nähe, ein amselgroßer Vogel fliegt von einer Astspitze auf und verschwindet, ohne daß du ihn genauer zu Gesicht bekommst.

Du suchst die gegenüberstehenden Büsche und Bäume ab, erfolglos. Die Baumspitzen unbesetzt, der Holunder leblos. Sie müssen in den Hecken sitzen. Als du aufstehst, um das Gelände abzugehen, ein kurzes zickiges Schnicken. Hier war es – oder dort. Oder was. Dann das Schnicken erneut, dreißig Meter entfernt. Als du ihm folgst, ein Echo des Warnrufes, nochmals dreißig Meter weiter. Fernglas. Da du auch mit Vergrößerung nichts weiter ausmachen kannst als Vegetation, gehst du wieder über die Wiese. Näher herankommen.

In einer kleinen Bodensenke hat sich Feuchtigkeit gesammelt. Mücken schwirren umher, aber Vögel, die sich für Mücken interessieren, scheint es nicht zu geben. Du läßt die Mücken sein, was sie sind: Mücken. Du trittst auf eine Hecke zu, ziehst die Zweige auseinander und schaust hinein. Hier müssen die Vögel sein. Dann: Zweige, Zweige, sich verzweigende Zweige, Zweige hinter Zweigen. Dahinter Dunkel, im Grunde: nichts.

Ein Blick zurück über die Wiese, über der sich etwas bewegt haben könnte. Eine Minute etwa stehst du regungslos da. Wohl ein Trugschluß. Aber es gibt sie. Sie müssen hier sein. Nun läufst du mit Tempo an der Heckenreihe entlang, Gräser und Halme beiseite tretend, laut schnaufend. »Zeigt euch!« rufst du, und siehe: zwei Vögel, die unter spitzen Rufen aus dem Gebüsch spritzen, sich über der Wiese davonmachen und in der gegenüberliegenden Hecke landen. Du nimmst das Fernglas zur Hand. Als du sie ins Visier nimmst, lassen sie sich ins Gestrüpp fallen. Erkannt? Nein.

Du setzt dich wieder ins Gras. Die Halme kitzeln dich. Tränen in den Augen, vermutlich Allergie. Vom Waldrand in mehreren hundert Meter Entfernung der Ruf eines größeren Vogels, zwei-, dreimal, volltönend, wie ein übers Land gesendetes Signal. Doch wo sitzt er? Du schaust etwa eine Minute lang, zwei

Minuten, zweieinhalb Minuten, zweidreiviertel Minuten, bis du nur noch deinen Herzschlag hörst. Dann läßt du das Fernglas aus deinen zitternden Händen fallen.

Über der Wiese irgendwelche Insekten. Von Vögeln nichts zu sehen. Am Eingang des Geländes ein weiterer Radfahrer, ein weiteres Mal der kurze, unspezifische Warnruf. Könnte eine Grasmücke sein, ein Gelbspötter, ein Blaukehlchen, eine Sumpfmeise, ein Scheißseeadler.

Du schaust dich nach einem kräftigen Ast um, mit dem du das Gras teilen und die Hecken abklopfen und die Vögel herausscheuchen, mit dem du dieses ganze Elendsgestrüpp kurz und klein hauen könntest. Oder wenigstens den nächsten Fahrradfahrer. Aber nichts zu finden. Vertrocknet ist hier vieles, die Bäume tragen reichlich totes Holz, doch die Brombeeren bilden eine unüberwindbare Barriere. Du betrachtest Dornen.

Dein Nacken schmerzt, die Sonne legt sich schwer auf die Haut, Jucken unter dem Hemd. Im Gras Käfer, Schrecken springen von Halm zu Halm, es wird Ameisen geben. Eine Fahrradklingel. In den Büschen raschelt es, weit oben am Himmel ein Vogel, der gerade so dein Sichtfeld berührt. Krähe, Möwe, Milan? Ohne Fernglas schwer zu sagen.

Du schaust hinüber zu den Hecken. Du schaust auf Weißdorn, Wildapfel, Holunder und Hasel. Wenn man sich konzentriert, dann scheint sich etwas zu bewegen. Vier Minuten stehst du in der Stille. Der Himmel ist fest wie Glas. Ein Wispern, als du zu deinem Fahrrad gehst. »Zipp-zipp.«

Zu Hause Fernsehen: »Wir kaufen einen Zoo.«

FLÜCHTIGE BLICKE

Ein Gastbeitrag von Katrin Holtgrewe

In der Natur erlebe ich Momente, in denen ich mich als der glücklichste Mensch der Welt fühle.

In der tiefen Finsternis des Bayerischen Waldes den Sternenhimmel betrachtend, plötzlich – ein Waldkauzruf. Der bestirnte Himmel über mir und das wild pochende Herz in mir. Dankbar sein.

Morgendämmerung am Steinhuder Meer. Dastehen, schauen, Stille. Was ist das? Zweifelsfrei: ein tiefes »Kro-kro«. Das muß er sein, der Kolkrabe. Aus dem Wald kam er, in den Wald kehrte er zurück. Ihm staunend nachschauen. Und, verflixt noch mal – werde ich gerade religiös?

Blauer Himmel über dem Naturschutzgebiet Kühkopf-Knoblochsaue, die Sonne ist gerade aufgegangen. Der Weg führt durch Wiesen und Auwälder. Das muß es sein, das Paradies auf Erden. Zu allem Überfluß an Schönheit auf einmal dieser Vogel am Horizont. Er kommt näher und näher, wird größer und größer, riesig muß er sein. Zielstrebig fliegt er auf mich zu. (Trotzdem bin nicht ich gemeint.) Wie versteinert dastehen, aufschauen. Ein Storch! Springt mein Herz vor Freude? Naiv sein, leicht sein, frei sein.

In Gedanken mal wieder hie und da, unterwegs am Heiligenstock nahe Frankfurt. Jäh herausgerissen. Da huscht was! Eine Perlenkette von Vögeln – zwei, vier, sechs, sieben. Rebhühner? Wachteln? Keine Ahnung. Egal. Sie wetzen über den Acker, dann, noch soeben sichtbar, durchs hohe Gras.

Und obendrein diese Epiphanie. Ein Wäldchen, ein Bach. Zack! – von rechts nach links pfeilt pfeifendes Blau vorbei. Und fort. Nichts wirklich gesehen, ergo: ein Eisvogel. Halleluja. Kniefall.

Was ist das Besondere an solchen Augenblicken? Es ist das Überraschtwerden, logo, auch das kindliche Vertieftsein, das Verblassen des Ichs. Die Pointe aber ist, das ewige Be- und Hinterfragen einfach einmal bleibenzulassen. Die Freude an der Schönheit der Natur – *deshalb* das alles.

Beglückend vermag die Betrachtung der Natur zu sein, weil sie kein Warum braucht. Es gibt kein Wozu, erst recht keinen Nutzen. Daß es im Rewe mittelalten Gouda gibt, ist so sicher wie die Hostiengabe in der Kirche. Auf den Pirol im Auwald kann ich nur hoffen. Bloß, weil ich ihn gern sähe, zeigt er sich noch lange nicht. Nicht aus Böswilligkeit; nicht, weil er einen Fan nicht zu schätzen wüßte – sondern weil er *seine* Gründe hat. Und wenn er unvermittelt in die Stille eines Pappelwaldes hineinflötet, so tut er das gewiß ohne mein Zutun und meines Herumgetrampels zum Trotz. Dann ist es Glück in doppeltem Sinne.

Nichts bewegender als sein melancholischer Gesang. Als ob er in Kenntnis einer besseren Welt die unsere betrauerte. »Fü-fo-füh« – wißt ihr nichts?

PENELOPE

Wenn man Gutes an Möwen finden kann, warum nicht auch an Enten?

Das sagt sich so leicht. Tausende hat man schon gesehen. Dutzendvögel, die an städtischen Gewässern dösen und auf ihnen dümpeln. Und da ist nichts außer Disney, Doofheit und Dreck. Entengrütze, sagt H. nur, wenn sie an einem stinkenden Gewässer entlangkommt, stumpf geworden, brackig, vor sich hin brütend, lichtverschlingend, sauerstoffarm wie eine der Todeszonen der Ostsee.

So eine Stockente ist vor allem dumm und dreist. Kein Wunder, daß viele sie mögen und mit reichlich Brot, Nudeln und Nachos belohnen, dafür, daß sie derart dumm und dreist ist. Und, ja, so ein Stockentenerpel macht schon was her, farblich gesehen. Wen wundert's also, daß viele sich gern Stockentenphotos herunterladen oder eine Plastikente im Balzkostüm neben den Gartenspringbrunnen stellen. Schön bunt. Und in der Sonne – wie das Ding glänzt!

Aber warum gibt es auch ernstzunehmende Leute, die sich näher mit ihnen, den Enten, befassen, Entenstudien durchführen, auf Entenbeobachtung gehen, Texte über Enten schreiben? Was hat Schriftsteller wie Robert Gernhardt und Eckhard Henscheid veranlaßt, diesem Tier Zeilen zu widmen? Was hat Maler wie Michael Sowa geritten, diese Kreatur in ihre Bilderwelt hineinzulassen? Und warum schätzt der geschätzte Kollege Sokolowsky Enten? Man weiß es nicht, man weiß es nicht.

Man schlage bei unverdächtigen Männern wie Oskar Heinroth, Josef Reichholf und Einhard Bezzel nach. Von »Überfällen« (Reichholf) einer Horde von Männchen auf einzelne Weibchen ist da zu lesen, von gewohnheitsmäßigen »Notzuchtversuchen« (Heinroth) und von »Vergewaltigungen« bei Stockenten (Bezzel), von Erpeln, die Enten erst bedrängen und dann den malträtierten Weibchen die Jungenaufzucht überlassen, während sie fett und feist in der Sonne liegen, sich Brot in den Rachen schieben lassen und schamlos Dauerdefäkation betreiben, auf daß die Grütze mehr und mehr werde, Gewässer um Gewässer verderbe, die Killeralgen weiter gedeihen und alles sonstige Leben getilgt sei. Reicht. Doch warum entsteht nun schon wieder, jetzt und hier, ein Ententext – und zwar bereits der zweite für dieses Buch?

Weil du die Erinnerung nicht loswirst an das Paar an der französischen Atlantikküste, das aus vollem Halse schrie, mit den Flügeln schlug und sich wuchtig aus dem Wasser erhob, um den Schwarzmilan zu vertreiben, der über ihren Jungen kreiste. Weil du an die beiden Schellenten im Grunewald denken mußt, die im Frühlingslicht über den See zogen, allein auf der spiegelnden Oberfläche, in sanfter, gleichmäßiger Bewegung, ein leichtes Kräuseln des Wassers dort, wo sie paddelten, eine fadendünne Spur dort, wo sie entlanggeschwommen waren. Weil du neulich im Heimatdorf deiner Eltern warst und auf einem Teich neben dem früheren Freibad ein Enterich schnatterte. Das Morgenkonzert der Sänger hatte geendet, und in die Stille setzte die Ente ihr sonores »Knä-knä-knä«.

Nicht zu vergessen auch das Stockentenweibchen, das sich vor dem Kölner Hauptbahnhof den Weg durch die Menschen bahnte, langsam und unerschrocken, und fast war es, als wußte der Vogel, wie hübsch er aussah mit seinem geschuppten Federkleid und den tulpenfarbenen Füßen auf dem grauen Pflaster. Kurz blieb er stehen, schaute dich an und ging dann weiter. Er wiegte sich ein wenig und watschelte nicht. Wobei dir jener Moment einfällt, als du am Niederrhein warst, mit H., um Gänse zu sehen. Die Dämmerung fiel, wir standen an einem Nebenarm des Rheins, während die Gänse schwer schlagend und knatternd und knorrend zu ihren Schlafplätzen zogen. Und dann hörten wir es, das »Lied der offenen Landschaft« (Mark Cocker), den Ruf der Pfeifente, weich und so schlank, daß man nicht glaubte, er könne diesem Körper entströmen. *Anas penelope.*

Man darf nicht Tausende anschauen, man muß einzelne sehen.

TAGEDIEBIN

Jeder Vogel gibt unzählige Rätsel auf, und oft lassen sie sich erst lösen, wenn man dem Tier ganz nah ist.
OSKAR HEINROTH

Es werde geglaubt, es werde nicht geglaubt.

24. Oktober, Anna, die Zugehfrau der Eltern, die jahrzehntelang geplackert haben und mancherlei Arbeiten nicht mehr verrichten können, war zweieinhalb Stunden da, erst erzählt sie, von den Eltern an den Mittagstisch gebeten, in einer früher selbstverständlichen ruhigen Freundlichkeit meist ein wenig von ihrer Heimat Bulgarien, dann hilft sie aus, ausdauernd und – ja, wie?

Man wohnte medial gern mal einer Bundestagsdebatte über Menschen wie Anna oder unseren Cousin C. bei, der Altenpfleger ist.

Später runter ins Parterre, internetoffizielle 16 Grad treiben sich draußen herum, es sind entschieden mehr, und die Haustür steht offen, weil der Fußboden noch abtrocknet.

Zurück aus der Stube, im Flur im Begriff, wieder nach oben zu gehen, sehen wir aus dem Augenwinkel unsere junge Strauchbeetamsel am Fuße der zweistufigen Eingangstreppe sitzen und uns anschauen. Sie muß uns fünf Minuten vorher durch die offene Tür erblickt und seither gewartet haben.

Höflich verharrte sie da. Bat stumm um Futter. Zeigte, daß sie uns kenne und ihr nicht bange sei.

Schreibt man dergleichen Verhalten nicht höchstens Hunden, in Käfige gesperrten Kanarienvögeln und Konrad Lorenzschen

Graugänsen zu? Ist das Zutrauen? Oder etwas anderes? Oder mehr?

Wir streuten ihr am angestammten Platz vor der Garage Haferflocken aus, sie wartete zwei Armlängen neben uns, wir gingen zurück ins Haus, sie begann zu fressen.

Es werde geglaubt, es werde nicht geglaubt. Für uns spielt das keine Rolle.

HORROR LOCUI

Drei Jahre ist es vielleicht her, da haben sich hier hinter dem Zaun, auf dem verwilderten Grundstück neben der Straßenbahnhaltestelle, noch die Elstern um die Innereien einer Mülltüte gezankt. Die Baulücke ist jetzt geschlossen. Sieben Stock hoch stehen die Bürogebäude und so dicht, daß nicht einmal der Hausrotschwanz, ein Liebhaber von Betonlandschaften, mehr vorkommen mag. Im Frühjahr hört man das Entriegelungspiepen der Autos.

Auf der Spitze der Tanne gegenüber war der Lieblingsplatz des Grünfinken, doch Bäume werfen zuviel Schatten. In den Schrebergärten am Fluß wurde früher abends reichlich gesungen. Und Sperber konnte man beobachten auf dem Gelände, auf dem nun der Baumarkt thront, mit Sonnenkollektoren auf dem Dach.

Wo die Amsel in der Hecke brütete, ist jetzt ein Stellplatz, den Bahndamm, an dem die Heckenbraunelle durchs Gebüsch schlich, haben sie rasiert – lies die Fahrpläne, mein Sohn –, und von den Baumreihen an der Bundesstraße, zwischen denen die Grasmücken brüteten, bleiben Stümpfe, unermüdlich sind die Fällkolonnen, Jahr für Jahr legen sie nieder und nieder, an den Fußwegen, Autobahnen, Überlandstraßen. Baumpflegearbeiten, heißt es, Aufenthaltsqualität, Verkehrssicherungspflicht, das allgemeine Wohl, vergütet in Kubikmetern Holz, während die Orte weiter in die Landschaft wachsen, die Hügel hinaufkriechen, sich in den Wald hineinfressen. Die Natur ist Siedlungsfläche, ist Erschließungsgebiet – lies die Bebauungspläne, mein Sohn.

Leben am Fluß, Bestlage, der Blick ins Grüne – vom Feld aus sieht man die Bagger, die Lastwagen, die Kräne und dann die Betonquader, fünf, sechs, acht, zwölf, ein Bauernhof stand da vorher und dort eine Reihe Tannen, in der einmal Kräheneltern saßen, die ihren Kindern das Gefieder kraulten. Von weitem sieht man die neuen Gebäude mächtig wie Burgen aufragen, doch früher hatten Burgen Mauern mit Spalten, in denen Vögel nisteten.

Eine Gartenlandschaft war die Nachbarschaft mal, nun ist sie gemacht aus Platten, Kies, Schotter, Stein und Fliesen – lies die Baumarktkataloge, mein Sohn –, die Natur ist ein Heimwerkerparadies, Gestaltungsraum, Versiegelungsfläche, unermüdlich bearbeitet von den Gartenbaubetrieben, die Gartenvernichtungsbetriebe sind, Bauunternehmer und Baumbeseitigungsunternehmen, und wenn sie anrücken mit Lastwagen und Baggern und Planiermaschinerie, kann man auf den Karosserien lesen: »Landschaftsgestaltung«, »Tiefbau«, »Garten- und Fliesenlegen«, »Baumfall«, »Erdbewegung«, »Rollrasen« und »Stein-Kultur«.

Das Gras muß weg, weil es wächst, der Boden ist uneben, und die Hecke kann nicht bleiben, wo Sichtblenden hinsollen, Auffahrten, Parkplätze und Carports, Gartenhäuser, Grillplätze, Swimmingpools, und dann, wenn alles fertig ist, Auffahrt, Parkplatz, Carport, Grillhaus, Partyhütte, Pool, schaut man sich um, sieht, daß noch eine Kleinigkeit fehlt, und hängt ein Vogelhäuschen auf, im Landhauslook, blau und gelb oder pink, vielleicht mit Blumenmuster, und das Einflugloch hat die Form eines Herzens.

Ein paar Tage ist es her, da hoppelte in der Nachbarschaft ein Spatz über den Beton. Vergangenes Jahr war hier noch ein Stück Wiese, ein Busch, Beete gab es, und jemand hatte vergessen, das Unkraut rauszuziehen.

Der Spatz schaute sich um, fand ein Korn und machte sich fort.

PSYCHOLOGIE DER VÖGEL, ENTWICKELT AM 2. NOVEMBER BEIM BETRACHTEN DES GARTENS DURCHS GEÖFFNETE FENSTER

Bei Regen: verlegen.
Bei Sonne: Wonne.
Bei Wind: geschwind.
Bei Schnee: o weh.

NATURZWANG ÜBERWINDEN! SOFORT!

Meisen möchten kreisen,
Dommeln wollen trommeln.
Spatzen ziehen Fratzen.
Finken gehen trinken.

NEUN SCHNEEFLOCKEN

Für Aenne

Jetzt fallen tatsächlich neun Schneeflocken, die Gischt hüpft unter den Autos auf der Straße vor dem Wirtshaus in die Höhe, ein leichtes Weiß leuchtet im Lichtkegel der Laterne vor der Kirche, und heute morgen, als wir die Futterhäuschen und -silos auffüllten, saß unsere schwarzbraungraue, an der Brust gescheckte Amsel beinahe auf unserer Schulter, gluckste glockenlieb amselspezifisch, was erheischend, wünschend, erwartend oder bloß mit uns schwätzend?, folgte uns von Trog zu Trog, unsere Amsel, die Tag um Tag da ist, der Sperber, vor zwei Jahren lauerte er dort drüben, als habe ihn der Burgherr erkiest, könnte sie der Welt, unserer, entreißen jederzeit, was täte man dann?, und nun fragt man sich, ob man in Anbetracht der neun Schneeflocken und dieses ach ja banalen Drosselvogels nicht endlich Gerechtigkeit für Peter Handke fordern sollte, wutstark und geduldet in einer der letzten Zeitungen des Landes, aus Anstand und der Wahrheit zu ihrem Recht verhelfend, sinnlos, gleichwohl geboten, den Preßbengeln entgegentretend, die heute morgen wieder, nie haben sie eine Zeile von Handke gelesen, in der Nürnberger Nachrichtenzentrifuge schmarrten und schrien und schufteten, daß man nur noch schlafen mochte, aber wir lassen es und arbeiten und machen weiter und lesen Handke, einen Satz von ihm, das genügt, einen, und füttern unsere Amsel und alle Vögel, die scheuen, die sowieso, auch die propere Krähe, die sich bislang nicht traut, von der Garagendachkante herunterzuschweben, schwebte sie doch, die kluge und darob vorsichtige Krähe, die Tauben und das

Rotkehlchen, das, findig, erst in die Garage schlüpft und lugt, bevor es pickt, und die da in den Zeitungen und im Fernsehen (sehr überzeugend vorne dran: WELT-Fernsehen, vormals N24) können uns am Arsch lecken, die Paladine (nicht mal gut sehen sie aus, gut sehen die Vögel aus) der ewigen Geld- und Bombenscheiße, sie haben das Gedrucktundgesehenundgehörtwerdenrecht auf ihrer Seite, ach komm, stay tuned, verzage nicht, du Idiot.

DIE TAUBE IM BAUM

Vor dem Haus ist der Baum. Und in dem Baum ist die Taube.

Wenn man aufwacht und das Fenster öffnet – mag es früh sein oder mittags oder nachmittags, als Autor kann man ja machen, was man will –, hört man sie rufen: »Gu-guuu-gu, gu-guuu-gu, gu-guuu-gu.« Sanfter noch: »Hu-huuu-hu, hu-huuu-hu, hu-huuu.« Man zieht die Decke wieder über den Kopf – als Autor kann man schließlich machen, was man will –, schließt die Augen und zieht sich noch einmal in den Dämmer zurück.

Unter der Bettdecke ist es warm, gänsefederbettenwarm, und das beharrliche Gurren der Taube verwandelt sich in ein gleichmäßiges Atmen. Eine Minute, eine halbe Stunde Aufschub (als Autor kann man echt machen, was man will).

Vor dem Fenster ist der Baum, und zwischen den Blättern sieht man den Bauch der Taube, einen Flecken Grauviolett, der Zweig, auf dem sie sitzt, schwingt kaum merklich. Im Englischen gibt es ein schönes lautmalerisches Wort für das Rufen der Tauben: »to coo«, »to speak in a soft murmur«.

Das riecht alles stark nach Beschaulichkeit, Heimeligkeit, leicht ranziger Besinnlichkeit. Es verwundert nicht, daß die Laudatoren der Ringeltaube schon etwas ältere Herren sind. »The cooing of the wood-pigeon is exceedingly soothing«, heißt es in Edward Greys 1927 erschienenem Buch *The Charm of Birds*, »it does indeed speak ›comfortable words‹«. Was Wordsworth über den Gesang der Nachtigall geschrieben habe, so Grey, könne ebenso für die Ringeltaube gelten, deren Schönheit zudem hervorzuheben sei. Auch Gottfried Steins *Ergötzliche Vogelkunde* preist den lieblichen Ruf des Vogels, das »Weiche« und »Zurückhaltende« seines Wesens und dessen selbstredend vorbehaltlose Treue. Ein Buch der fünfziger Jahre.

Heute liest sich das anders. Der britische Birdwatcher Stephen Moss zählt die Ringeltaube zu den fünf uninteressantesten Arten. Sie sei zu protzig und zu grell, um genaueres Interesse zu verdienen. Der sonst ungleich feinsinnigere Jeremy Mynott rechnet sie gleichfalls zu jenen uncharismatischen und reizlosen Vögeln, »that do not have that combination of qualities that give the fizz«. Und laut Simon Barnes ist von einer weitreichenden Geringschätzung britischer »Birder« für die Wood-pigeon auszugehen. Für die meisten sei sie »the dullest of the dull«. Tumb wie eine Taube. Tapsig, trottelig, tolpatschig. Dumpf, stumpf und dumm. Die Zeiten der englischen Romantik sind wohl vorbei. »Long gone«, wie Wordsworth sagen würde.

Barnes ist allerdings anderer Meinung. Ein bißchen mehr Aufmerksamkeit gegenüber der Natur, so Barnes, und es fiele nicht schwer, die vielen Vorzüge der Ringeltaube wahrzunehmen: ihre verschwenderische Färbung, ihr facettenreiches Gefieder, ihr spektakulär schönes Aussehen, ihren extravaganten Flug – »this is one hell of a good bird«. And you are our man, Simon. Allerdings ist es nicht nur das Spektakuläre, das uns interessiert.

In den Ringeltauben verbinden sich das Schwere und Ungeschickte aufs beste mit dem Zarten und Schlichten. Feinste Regungen scheint es in diesen schweinsbratenschweren Leibern zu geben. Wenn das Laub noch nicht so dicht steht, sieht man die Taube im Baum die Äste und Zweige entlangbalancieren, zusehends wippend und schwankend, je dünner die Zweige werden, so daß man jeden Moment ihren Absturz fürchten muß.

Mit ihrem Schnabel zupft sie an den frischausgetriebenen Blättern oder ordnet den Reisighaufen, der ihr Nest sein soll, wie ein Kind, das mit zwei Fingern eine vom Teller gekullerte Erbse zu greifen versucht. Später hockt das Taubenpaar in der Mitte des Baumes, die Körper aneinander gelehnt, gelegentlich schnäbelnd und ohne rechten Halt.

In den Ringeltauben verbinden sich das Schwere und Schöne zum Komischen. Wenn sich eine der beiden Tauben vom Baum aus in den Garten begeben will, um zu fressen oder die Tränke anzufliegen, kann das mehrere Minuten in Anspruch nehmen. Zunächst gilt es, mit gestrecktem Hals sorgfältig die Lage zu sondieren und zu schauen, ob die Luft wirklich rein ist, dann werden die nächsten Schritte geplant. Es geht vom großen Baum hinüber auf einen kleineren, von dort in den Holunder, dann auf die Gartenmauer, schließlich auf den Gartenstuhl, endlich zu Boden. Die Flügel scheinen viel zu kräftig für diese unbedeutenden Flugmanöver zu sein, und es ist unübersehbar, welch große Mühe es dem Vogel bereitet, sich in die Enge des von Hecken dicht umstandenen Areals hineinzuzwängen.

Tauben kommunizieren offenbar mehr als andere Vögel über Blicke, und gerade die Stadttauben haben, wie Daniel Haag-Wakkernagel schreibt, eine gewisse Meisterschaft darin entwickelt, Passanten zu taxieren und die Menschen »als Nahrungsquelle zu ›bewirtschaften‹«. Bei den Tauben im Baum ist es anders. Sie schauen zuvörderst mit Vorsicht in die Welt. Wenn man aufgewacht ist und das Fenster öffnet, kann es sein, daß einer der Vögel Notiz von dir nimmt, das Gurren einstellt und dich anschaut. Leg dich wieder hin, zieh dir wieder die Decke über den Kopf – als Autor kannst du doch machen, was du willst –, sagt dieser Blick, und ich hier kann weiter die Äste und Zweige entlangbalancieren. Let me speak comfortable words.

Natürlich, liebe Evolutionsbiologen, ist auch die Ringeltaube eine Reproduktionsmaschine. Auch im Baum vor unserem Haus wird kopuliert. Und dem Kampf ums Überleben der fittesten »Fittis« (Jörg Schröder) ist nicht aus dem Weg zu gehen. Männliche Ringeltauben können, sobald es ihnen um die Verteidigung des Reviers oder einer Dame zu tun ist, recht garstig werden. Aber meist sitzen sich die Täuberiche bei solcher Gelegenheit nur drohend gegenüber. Sie deuten ein Flattern an, drücken ihre dicken Bäuche heraus und tun so, als zögen sie, wenn es denn

eben:
Diese braungoldene
Taube –

sein müsse, weil es das Gegenüber gar nicht einsehe, schärfere Maßnahmen in Betracht, zur Not eine richtige Balgerei.

Gemeinhin reicht es jedoch, daß sich der eine auf den anderen zubewegt, hochhüpft, mit den Flügeln schlägt und den Kontrahenten stupst. Schon verliert der Rivale das Gleichgewicht und die Lust am Streit und macht sich davon. Eine hellgraue Flaumfeder segelt vom Baum aufs Straßenpflaster. Hier geht das Unbeholfene über ins strahlend Sublime.

Selbstverständlich gibt es in unserer Straße auch Tauben auf dem Dach, die Türkentauben, von denen man mindestens ebenso angetan sein kann. Wenn man abends von der Arbeit nach Hause kommt – auch als Autor kann man schließlich nicht immer machen, was man will –, sitzen sie meist auf dem First des gegenüberliegenden Hauses, wärmen sich in der Sonne und betrachten die Gegend. Manchmal thront eine auf einem Dachreiter, als wachte sie über die Nachbarschaft. »Schon okay«, ruft sie, »leg dich ruhig hin und zieh dir die Decke wieder über den Kopf. Ich stürz' schon nicht.«

EINER JENER VÖGEL

Man stellt sich das schön vor. Die Sonne fällt in den Garten, der Tisch ist zurechtgerückt, der Gartenstuhl geputzt und von sämtlicher Vogelscheiße befreit. Man stellt sich einen Becher Tee bereit, der gemütvoll vor sich hin dampft, ein Riegel Salzkaramelschokolade darf nicht fehlen, warm ist's, der Baum spendet Schatten, und das Netbook hat vollen Ladestand.

Drum herum grünt's so grün, daß man direkt mit der Arbeit beginnt. Der Spatz, denkt man. Tippt. Der Spatz. Denk nach, denkt man. Denk noch ein wenig nach, um es präziser zu fassen. Und noch mal, es soll ja gut werden. Laß dir Zeit.

Der Spatz, denkt man. Und noch mal. Und versucht den nächsten Gedanken zu fassen. Oder erst mal einen. Setzt noch einmal an. Und schaut. Der Spatz.

Man zögert. Also. Es ist viel gesagt. Man hat viel gelesen. Es gibt viel zu schreiben. Doch was? Der Spatz ist. Genau. Aber man kommt nicht drauf. Denkt noch einmal nach und noch einmal, versucht zu denken, die Worte zu finden, denkt, schreibt, liest, zögert, löscht, dann noch mal. Schreibt, liest, zögert, löscht.

Doch was denkt man? Der Spatz ist, denkt man. Laß dir Zeit, denkt man. Ein Wort wäre ein Anfang. Eins nach dem anderen, und der Text ist fertig. Der Spatz ist. Man tippt, drei Leerzeichen, doch das war es nicht. Also noch mal von vorn, Backspacetaste, Finger auf die Tastatur und los: Der Spatz. Ist. Ja, was?

Etwas muß es zu sagen geben. Es war doch alles zurechtgelegt, denkt man. Im Grunde ist alles da. Man muß es nur aufschreiben, hineintippen in dieses Book. Also tippt man, schreibt: Der Spatz ist, der Spatz ist – einer jener Vögel. Der? Die? Das? Und was? Was ist der Spatz? denkst du. Was war er denn? Was war da noch? Was dachtest du? Der Spatz, schreibst du. Der Spatz ist einer jener Vögel. Der Spatz ist einer jener Vögel. Der Spatz ist einer jener Vögel. Der Spatz ist einer jener Vögel. Der Spatz – ist – einer – jener – Vögel.

Und dann weißt du es: Der Spatz ist es. Der Spatz ist es. Der Spatz ist schuld, daß du hier sitzt und denkst, du denkst, aber keinen Gedanken fassen kannst. Der Spatz sitzt hier über dir im Busch. Nein, nicht der Spatz, die Spatzen sitzen hier über dir, eine ganze Menge sind es, eine Masse, eine Meute, und diese Meute schreit und schwätzt und tönt und tschilpt und keift, der eine, dann der andere, diese und jene zusammen und schließlich alle miteinander, ein Geplärr, ein Getöse, ein derart geistloses Gelärme, daß alles andere nichts mehr gilt, daß man nichts anderes mehr wahrnimmt, daß man sein eigenes Wort nicht mehr versteht, es nicht mehr verstehen kann, daß man keinen klaren Gedanken zu fassen kriegt, daß man denkt und denkt und denkt und bald an nichts anderes mehr denken kann als an diesen infernalischen Tumult, diesen Krach, diesen Hör- und Höllensturz. Herrgott.

Der Spatz ist einer jener Vögel, die einem keine Ruhe lassen. Der Spatz ist einer jener Vögel, die jede normale geistige Tätigkeit unmöglich machen. Der Spatz ist einer jener Vögel, die es sich selber zuzuschreiben haben, wenn es keinen gescheiten Text über sie gibt, nie gegeben hat und nie geben wird. Der Spatz ist – ach, vergiß es.

8.8.82

FRIEDEN

Vermutlich sollte man mit den Spatzen Frieden schließen. Was bleibt einem auch übrig. Sie sind schließlich da. »Einfach immer da.« (Uwe Westphal)

Im ausgehenden Sommer und im Frühherbst streifen sie einige Wochen lang umher, durch die Siedlung oder über den Ortsrand hinaus, auf der Suche nach Abwechslung vielleicht, weil sie unseren mickrigen Garten nicht mehr sehen können. Sie vagabundieren über die Felder und tauchen zwischen den Getreidehalmen ab. Aber wenn es kälter wird, sind sie wieder da. So ist es. Unausweichlich.

Obgleich der Bestand der Haussperlinge, wie nicht einmal Fox News bestreiten kann, in vielen Teilen der Welt deutlich abnimmt, sogar von einem »Niedergang« der »Spatzenpopulationen« die Rede ist (Westphal) – den Schritt zur Seltenheit sind sie noch nicht gegangen. Anpassungsfähig, schlau und halbwegs genügsam trotzen sie dem Wandel der Welt und halten ihre Bastionen. Denn viel brauchen sie nicht: Zweige zum Sitzen, eine Nische, in die sie Nistmaterial hineinstopfen können, und die drei bis vier Tonnen Vogelfutter, die wir ihnen jedes Jahr – mehr oder minder freiwillig – vorsetzen.

Und wenn sie schon da sind, kann man ihnen ja auch mal zuschauen. Und wenn man ihnen zuschaut, kann es sein, daß man irgendwann etwas sieht, das man vorher nicht zu sehen vermochte. So haben es auch andere gemacht, noch viel länger haben sie diesen Vögeln zugeschaut, und sie sagen: Es ist richtig, was du siehst.

Denis Summers-Smith beispielsweise, der sich bereits als junger Erwachsener dem Sparrow zuwandte, seitdem nicht mehr von ihm lassen kann und mehrere Plädoyers zu seinen Gunsten verfaßt hat, bezeichnet das, was viele nur Geschrei nennen, als »social singing«. Sperlinge, heißt das, singen, und sie tun es miteinander. Uwe Westphal schreibt, er bereue, daß er, wie viele Vogelkundler, den Spatz lange für allzu gewöhnlich hielt. Nachdem er ihn schließlich zu beobachten begonnen hatte, verstärkte sich mit jedem Mal der Eindruck: Das meiste, was wir über den Sperling zu sagen pflegen, ist Unfug und Ausdruck von Vorurteilen. Drecksspatz, Spatzenhirn, Sexprotz, Grobian – alles negative Mythologie.

Sie sind immer da, die Spatzen. Und richtig Ruhe geben sie nie. Seit wir den kleinen Garten, den sie besetzt haben, verwildern lassen und regelmäßig Verpflegung anbieten, haben sie hier einen Stützpunkt bezogen. Besonders morgens und abends kommen sie zusammen, eine kleine Gruppe, im Frühjahr aufgelockert, im Winter eng zusammenrückend, ein Dutzend Vögel vielleicht. Meist lungern sie in der Hecke herum, bevorzugt im Weiß- und im Feuerdorn, manchmal zwischen den Blättern und stacheligen Zweigen verborgen, dann wieder exponiert, von der Heckenkrone aus über die Straße schauend wie »Corner Boys«. Checken, was abgeht.

Mitunter meint man, die Rangordnung innerhalb der Gruppe deutlich sehen zu können. Oben sitzen in der Regel die breit und kräftig gebauten Männchen mit der unverkennbaren braungrauen Kopffärbung, zuoberst der mit dem größten Brustfleck und der dicksten Goldkette. Die Weibchen in den schlichteren Gewändern und die Jungvögel hocken, häufig auf niedrigeren Zweigen, um sie herum. Aber meist bleibt es nicht lang bei diesem Arrangement, denn Spatzen können nicht stillhalten. Responsivität ist ihr Ding. Sie hüpfen und purzeln durchs Gebüsch, klettern herum, gucken, was der Nachbar so macht, machen nach, was der Nachbar macht, schauen, flattern hoch, setzen sich, grüßen den Nebenmann, wechseln die Stellung, schauen, was die anderen tun, während die wiederum schauen, was andere tun, die bald wieder anderes tun.

Die ständige Bewegung entbindet weitere Energien – ein soziales Perpetuum mobile. Der typische Spatzenkrawall scheint oft aus geringfügigen Unachtsamkeiten und Provokationen zu entstehen. Einer kommt dem anderen zu nah, begehrt des anderen Platz, Futter oder Weib, und schon setzt es Senge. Widerspruch wird deutlich formuliert und zurückgewiesen, die neben den beiden sitzenden Kontrahenten ergreifen Partei, andere, die nicht recht wissen, was vor sich geht, aber unbedingt mittun wollen, stürmen herbei – und schon plustert sich jeder auf und reißt das Maul auf, ein einziges Keifen und Ramentern, eine formidable Keilerei, gegen die eine britische Unterhausdebatte keine Schnitte sieht.

Doch diese Spatzenprügeleien, die Hierarchien kurz außer Kraft zu setzen scheinen, auf daß sie in Bälde von neuem gebildet werden (Unter sticht Ober sticht Unter), sind gar nicht mal das Eindrücklichste. Am wichtigsten ist das Abflauen des Konflikts. Ist die überschüssige Energie zum Großteil verbraucht, stellt sich eine gewisse Erschöpfung ein, dann werden die Pausen zwischen den Attacken länger, das Schnattern flaut ab, die Unruhe verebbt, und das eben noch erregt hervorgestoßene, kantige »Tschepp-tschepp« verwandelt sich in jenes weiche »Tschipp-tschipp«, in dem vielleicht die wahre Spatzennatur zum Ausdruck kommt.

Wer sich länger vor einen von Haussperlingen in Beschlag genommenen Busch stellt – in gebotenem Abstand, denn die Vögel sind ebenso zutraulich wie vorsichtig –, der versteht: Des Spatzen Natur ist nicht, laut und lärmend zu sein, sondern sich zu unterhalten, mehr oder weniger den ganzen Tag lang und unter Beteiligung aller: Hallohallo, meinstemeinste, sichersicher. Und wer glaubt, Spatzen beließen es beim stupiden, repetitiven Tschilpen, der unterschätzt die Komplexität der Spatzensprache: »Schilp, schelp, zwit, tät, schrü, terrr, drüüü« (Westphal). Die Vögel erkennen einander vermutlich an der Stimme und verfügen über ein differenziertes Vokabular mit kontextabhängigen Bedeutungen. Es ist eine Sprache, die wir erkennen, aber nicht verstehen können. Geheimnisse, in voller Lautstärke kommuniziert.

Manchmal rufen und singen die Spatzen so durchdringend und angeregt, als feierten sie ihre Existenz – oder die Tatsache, daß die Menschheit, die Deppenheit, wenigstens noch eine, nämlich diese Hecke hier hat stehenlassen. Manchmal sind sie eingesponnen in ein eher verhaltenes Plaudern und Schwätzen – mhmmhmmhm, jajaja, hasterechthasterecht.

Ohnehin gibt es kaum einen anderen Vogel, der so deutlich sein Wohlgefallen zu erkennen gibt. Mal sitzen drei, vier aus der Bande im Holunderbaum und lassen sich die Sonne auf den Bauch scheinen, mal schaukelt die Gesellschaft an den himmelwärts geschossenen Trieben der Hecke im Wind wie Rohrsänger im Schilf. Mal hoppeln sie im Hof freudvoll ziellos übers Pflaster, mal treffen sie sich einvernehmlich zum Festmahl.

Wie lernfähig Sperlinge sind, weiß man – wie sie sich durch Probieren, Kopieren und gemeinsames Experimentieren neue Nahrungsquellen erschließen. Mit ihren gedrungenen Körpern entwickeln sie erstaunliches Geschick. Das utopische Moment, das im Lernen liegt, führen einem vor allem die jungen Spatzen vor Augen, wenn sie in der kurzen Zeitspanne zwischen dem Verlassen des Nestes und der Einbindung in die Gruppe die Welt zu verstehen beginnen. Einmal konnten wir einen jungen Sperling beobachten, der, den Alten nacheifernd, um eine in der Hecke aufgehängte Futterstation herumschwirrte, noch unfähig, seine Flugbewegungen zu kontrollieren, und es nach mehreren Versuchen und Abstürzen schließlich trotzdem schaffte, auf einem der Sitzstäbe Platz zu nehmen, und ratlos in die längst von anderen ausgeräumte Röhre starrte. Doch nicht viel Zeit verging, bis er's spannte und die Futterstation erst anflog, wenn auch die anderen es taten, nachdem sie gesehen hatten, daß sie befüllt worden war.

Der Spatz lernt aus Beziehungen. Er braucht die Gruppe. Allein ist er selten, aber wie er es ist! Mal einen Sperling gesehen, der durchs Geäst hüpft und dabei ein weiches »Tschi« oder »Tschö« ausstößt, als redete er sich gut zu?

Man kann alles in allem ruhig seinen Frieden machen mit dem Spatzen. Man könnte ihm bei genauerer Erwägung vielleicht sogar seine Liebe erklären. Oder sagen wir: Sympathie.

VON KLEBER, BACHSTELTZ UND ANDER ERGETZLICHKEITEN

Der gantze Park aber des Geschlechtes derer von Eyb und ebenso, so die neueren Entwicklungen, derer von Livonius sah die Tage mit solch Vergnügen und solch Genüß hingelegt: daß die eusserlichen Sinnen ein Ubermaße der Freude empfiengen / die die Innwohner / eitel Täntze tanzend und Begierde-Fackeln sonder Zahl aufsetzend / und also die Natur / die sinnreichste Mahlerin / und dero Gestalten mit einem grossen Aufputz fürstelleten.

Das gemeine Volck / zuvörderst der Kohlmeis, der Kleber und insonder der Finck / aufführlich sich mit Gastereyen und ander Kurtzweil erlustigte (so forderte es ja die SPD im Kommunalwahlkampf!); ebenso / am daselbst herfürquellenden Wasser rund des stauferischen Burggrabens / das Bachsteltz. Und allerhand ander annehmliche Ergetzlichkeiten mehr im Krantze frischer und nur bald blühender Himbeeren / Holunder alsgleich Aepffel / dero Früchte uns zu erquicken das Jahr werde streben / uns sich dort boten und etwan die Lebhafftigkeit der Tugend dem Hertzen zuzeuchten und eine wol nicht scheltbare Gemüths-Regung uns zureichten / welche nichts Unreines in sich kleben hat und eine so zarte Empfindligkeit als die Schamhafftigkeit ist.

Nichts wol könnte in grösserm Ansehen seyn als / was Andacht erwecket. Weßwegen der Heckenbrauneller nur seinem Tone gemäß uns erquickete. Stieglitze hinwieder empfiengen sich vor aller Aug miteinander auffs holdseligste. Und detto der Grüne Specht werde genennet und verdienet verehret zu werden. Das glaubst du aber, Digger.

Blüthen allerecken herfürzückten, Buschwerk sich ausputzte. Nicht minder als die Tugend die Natur ist in die Röthe verliebt / um durch diese Königsfarbe ihre Hoheit abzubilden. Und doch auch Akazien / Pyramideiche / Kastanbäume und der schießende Merzbecher prangeten / was niemand gewißlich zu begreiffen weiß / die natürliche Anstreiche nemlich und Schmincke / die wir auffs demüthigste verehrten.

Wir hören wol iemanden sagen: nach dem nicht allein die keuschesten Thiere auch die schönsten wären / sondern auch so wol die Buchen und die Brennesseln das schönste Laub / so seien es fürnehmlich unmäßiges Verlangen bey übermäßiger Verfolgung der Annehmligkeit und ander schimpfliche Begübnisse / die im Zaume gehalten zu werden nöthig haben. Und so indeß dörffen die reinen Bienen / welche nichts von Lust oder Liebreitz wissen / aus den Rosen der Schamhafftigkeit den Honig ihrer Vergnügung saugen / da auch auff schädliche Wege der Kleinmuth sie nicht lassen sich leiten und allezeit in Sünde und Schande sich zu stürtzen gescheuet haben.

Was iedoch mit dem Buntspecht / welcher eilfertig aus der Höle gerennet? Was mit dem hertzhaffter Unbeweglichkeit abholden / lasterhafften Zaunkönig / welcher bey ieder neuen Begebenheit von einer angebohrnen Flüchtigkeit ergriffen? Was dörffen die Krahvögel alsdenn erheischen / welche die vorerwehnten bäumenden Buchen so wol deßwegen bekrumpfen / unser Gemüth scheußlich zu erregen / sintemahl Bosheit in ihnen wohnt und darob sie im nature struggle den Siegs-Krantz fürzutragen trachten?

Das müssen wir mal die SPD fragen, die weiß so was.

ÜBERSEE

Du bist in Mittelfranken im Wernsbachtal und siehst auf der Wiese zwischen den Teichen einen Mäusebussard im Gras, und als du dich näherst und er sich emporwuchtet und dabei mürrisch ruft, so laut, daß es durchs ganze Tal hallt, und mit ein paar Schlägen Luft unter die Flügel bekommt und die Schwingen auslegt und zu kreisen beginnt und zügig aufsteigt, während du ins Blau guckst, das nun zwischen ihm und dir ist – denkst du, das könnte Spanien sein, und dann bist du in Spanien, wie damals, als du über den Kantabrischen Bergen die Gänsegeier in der Thermik hast treiben sehen – oder, nein: Wilder Westen, Colorado, dort kreisen sie, warten auf dich und anderes, und dazu der Steinadler, dessen Ruf von den Felswänden der Rockies zurückgeworfen wird.

Du gehst am Deich entlang, die Schafe liegen im fetten Gras, und dann siehst du eins von ihnen stehen und eine Dohle, die sich auf seinem Rücken niedergelassen hat und, während das Schaf jetzt lostrottet, dessen Bewegungen leicht ausbalanciert und ihren Kopf senkt und fast fürsorglich im Fell des Vierbeiners herumstochert, und du denkst an die Pferde in der Camargue und an die Kuhreiher, die auf den großen dampfenden Körpern standen, um sie von Zecken, Mücken und anderen Blutsaugern zu befreien – oder, nein: an offene Landschaften mit Gnus und Büffeln und Madenhackern, die sich von einem Nashorn durch die Savanne tragen lassen.

Und dann bist du in Südfrankreich, und neben einer Landstraße liegen hinter einem dichten Wall aus Gestrüpp und Bäumen die im Herbstlicht glänzenden Salzseen, und du siehst die Flamingos im Wasser stehen und durchs Wasser schreiten, in kaum begreiflicher Zahl, du siehst ihre kunstvoll geformten, fachkundig konstruierten Schnäbel und ihre außerweltlich wirkenden Gesichter, von einer Holzterrasse eines Cafés aus, und als du die Limodose aufmachst und dich die Kohlensäure in der Nase kitzelt, während du die nicht enden wollenden Didgeridoo-Töne dieser Vögel hörst, da denkst du an die Lodge in Kenia, die Löwen, den Jeep, die Drinks – oder, nein: an das Hotelzimmer, in dem du beinahe mal übernachtet hättest, mit der Phototapete hinterm Bett und den Zebras im Sonnenuntergang.

Du bist in Mittelfranken im Wernsbachtal und siehst auf der Wiese zwischen den Teichen einen Mäusebussard im Gras, und als du dich näherst, wuchtet er sich hoch und ruft ungehalten.

WAR OF THE BLACKBIRDS

Der Zweck des Birdings, vulgo: des Betrachtens von Vögeln in ihrem Tun und Nixtun, ist, wie spätestens seit David Frankels vom wissenschaftlichen Beirat der UNO empfohlenen Kinofilm *Ein Jahr vogelfrei!* (*The Big Year*, 2011) allgemein bekannt sein dürfte, erster zu sein und deshalb in die erwachende Natur auch mit aller Kraft »Erster!« hineinzuschrei'n. Und so wollen wir Herrn G. Eisenberg aus Gießen, der uns am 15. des Monats durch sein Sekretariat übermitteln ließ, an ebendiesem Tage den ersten Storch in den Lahnauen gesehen zu haben und darob »froh« gewesen zu sein, aufs schärfste in die Schranken weisen und zu Protokoll geben, daß der ohnehin größte und mächtigste aller in hiesigen Breiten jemals gesichteten Weißstörche bereits eine Woche zuvor in geringer, das Beäugen begünstigender Höhe quer über unser Anwesen in N. gestrichen war. Unser Sieg geht vollauf in Ordnung.

Doch, ja, der März. Des Märzens Mitten, Mensch, Mensch, Mensch. Grün- und Buchfinken einfältigen vor sich hin, Blau- und Kohlmeisen flinkeln um die Wette, Spatzen und Supersperlinge sprinten durch die Nachbargärten, Stare knarren, quietschen, pfeifen, jubeln, juchzen, locken, sozialisieren und sturzfliegen hinab aufs Hingestreute, und oben auf dem Pflaumenbaum stenzt eine grauköpfige Wacholderdrossel herum – eine Ratsche, eine Rassel, eine rostige Reibe, ein verstopfter Dudelsack, was immer das sein, darstellen und ausdrücken soll.

Die Haltungsnoten, immerhin, stimmen.

Ihr Familienangehöriger, die Amsel, trägt simultan freilich ungleich mehr zum Weltwohlgefallen hinsichtlich der Schellingschen »Weltseele« und, who knows, des trunken in sich selbst schlingernden Hegelschen Weltgeistes bei (der notabene vor drei Tagen im Nürnberger Totallokal *Grüner Baum* am Nebentisch saß; Hauptbahnhof, Ausgang Südseite, rechter Hand über den Nelson-Mandela-Platz, Ecke Galgenhofstraße/Hummelsteiner Weg, ganz in der Nähe des ehemaligen Lotto-Toto-Ladens des Jahrhundertfußballers Max Morlock).

Der Amselmann tut, was er neben dem futterlichen Schmarotzen am besten kann: Er singt sich, von den kreuz und quer ausschlagenden Trieben des Apfelbaumes beschirmt, um Sinn, tiefere Bedeutung und Verstand. Zu beschreiben ist das nicht, man hätte für jeden einzelnen der aus der biologistischen Schablone herauspurzelnden Prachtkerle einen Thesaurus der Klänge, eine idiolektale Registraturmappe anzulegen. Das wollen wir uns und vor allem ihm, dem Kaiser der Jedesjahrneutöner, ersparen.

Nach zwei, drei Minuten fliegt das flehentlich becircte Amselweib herzu, trippelt durchs Geäst auf ihn zu, und jetzt wispert er von seiner Singwarte aus in diesen kaum vernehmbaren, langgezogenen Hochfrequenzlauten zu ihr hinüber, so komm doch her, so komm doch her.

Sie flirten, sie balzen, sie poussieren, sie hüpfen in Zagheitsschritten aufeinander zu, sind beinah' beieinander schon, und auf einmal stürzt von rechts ein weiterer Schwarzrock, ein Nebenbuhler, unter Kriegsgeschrei pfeilgerad' herbei, keult dazwischen, drischt auf den Geschlechtsgenossen ein, das augenblickliche Geheul zerfetzt die Wärme des Spätnachmittags, der Apfelbaum schämt sich, die Kombattanten fallen ins Gesträuch hinunter, verkeilen sich ineinander, die Dame hetzt, all das verfluchend, davon, es ist ein unwürdiges Theater, sie teufeln, die Macker, und brüllen in ihrer vermaledeiten Amselsprache aufeinander ein, stechen sich gegenseitig in Antlitz und Gefieder, und wir wollen bloß noch Jeff Becks Instrumentalstück »Blackbird« hören und die Weltseele und den Weltgeist gleich obendrein im Abort versenken.

DIE VÖGEL TANZEN
DEN VOGELKAMPFTANZ

DREI RABENVOGELMELDUNGEN

»Lieber Jürgen,

mit dem Turmfalken konnten wir keine Freundschaft schließen. Wir sehen ihn nur selten, ab und zu fliegt pfeilschnell ein Schatten über uns hinweg. Aber ein neuer Rabe lebt in unserer Nähe (wo genau, ist noch unklar). Und dieser neue Ralf ist für mich ein Lichtblick, denn eine Freundschaft bahnt sich an.

Seit einer Woche lege ich für ihn drei Walnüsse auf den Südbalkon. Von dort kann man zwar durch die großen Fensterscheiben Jörg an seinem Schreibtisch sitzen sehen, doch der Rabe ist schlau! Jeden Morgen um zehn holt er sich eine Nuß, er kennt unseren Tagesablauf und weiß, daß um diese Uhrzeit Jörg bei mir sitzt, dann besprechen wir, wer welche Arbeiten erledigt, oder beantworten Mails.

Nachmittags sitzen wir wieder bei mir und trinken Kaffee – zumindest ich, Jörg bevorzugt manchmal auch ein Glas Köstritzer –, dann fliegt über uns ein schwarzer Schatten. Ralf schaut durch die schrägen Dachfenster, ob wir beide im Studio sind. Wenn ja, holt er sich wieder eine Walnuß. Allerdings kann Ralf nur bis drei zählen, er holt sich immer nur eine Nuß, wenn drei in dem Schälchen liegen. Bei zwei Nüssen nimmt er sich keine mit.

Deshalb meint Jörg: Der Rabe holt sich heimlich eine Nuß und denkt, wir merken es nicht. Er will ein geschickter Räuber sein.

Ich hingegen vermute: Ralf weiß genau, daß ich die Nuß für ihn hinlege. Er holt sich nur eine Nuß, wenn er hungrig ist oder etwas verstecken will. Es ist also kein Zufall, wenn immer zwei Nüsse in der Schale liegen.

Dies nur, damit Du rabenmäßig auf dem fliegenden bist.
Mit herzlichen Grüßen:
Barbara und Ralf

PS: Photographieren geht gar nicht, das Tier kann Gedanken lesen. Also schicke ich Dir den Ausguck ohne Raben, beachte den frischen Schmelz.«

*

Peter B.:

»Gestern war einer ›meiner‹ beiden Raben allein hinterm Haus. Ich brachte ihm die von Anton verschmähten, weil matschigen Pommes auf die Wiese, da kontrollierte er erst, ob er auch wirklich allein sei (keine ›meiner‹ sieben Elstern in der Nähe), + dann kam was Neues:

Statt wie sonst, umringt von harrenden Elstern, sich die Wampe vollzuschlagen, dann so viel, als geht, in den Schnabel zu packen und weit wegzufliegen, nahm er Pommeschen für Pommeschen in den Schnabel, latschte zu Fuß zwischen 3 und 5 Meter weg, legte sie ab und Grasbüschel und dergl. drauf.

Folglich: In jeder seiner Bewegungen tut das Tier das im Augenblick Sinnvolle.«

*

»Lieber Jürgen,

mittlerweile glauben wir, daß die Walnüsse vom neuen Ralf nur geholt werden, wenn er sonst keine Nahrung findet. Er sieht diese drei Nüsse wohl als Depot an, so, wie früher der erste Ralf Reste vom Dönerladen in unserer Dachrinne versteckte. Weil die Rinne verdreckt war und nie gesäubert wurde, konnte er sie dort lagern. Heute haben wir eine neue Hausverwaltung, und die Dachrinne wird regelmäßig gereinigt.

Ein Freund fragt mich ebenfalls oft nach meinem Raben, was

ich wieder erlebt habe, und neulich erfuhr ich den Grund. Er schrieb: ›Ja, meine Mutter hat die Nüsse immer im großen Schwung in Richtung der Bäume geworfen, auf denen die Krähen saßen, die sie so mochte. Und die haben sie aus der Luft geschnappt. Es war immer so, als warteten die Krähen schon darauf, daß meine Mutter mit ihrem Dackel vorbeikommt.‹

HP Daniels ist in München geboren, und seine Mutter lebte bis zu ihrem Tod in der Nähe des Schlosses Nymphenburg. Sie ging jeden Tag mit ihrem Dackel zum Schloß Nymphenburg, um die Krähen zu füttern.

Da ich letzte Woche wieder den schwarzen Mops zu Besuch hatte, ging ich mit ihm in den Volkspark und warf die Kügelchen des Hundetrockenfutters in die Luft, um zu sehen, ob die Nebelkrähen sie fangen können. Ja, sie sind Meister darin! Im Nu waren zwanzig Nebelkrähen zur Stelle, alle wollten was, und kein Brocken landete im Gras. Zum Glück ist Bubi, so heißt mein Pflegehund, nicht aggressiv. Er sah gelassen zu, wie die Vögel immer näher kamen und sein Futter fraßen. […]

Freundschaft! Und herzliche Grüße, auch von Jörg:

Barbara«

HERR DER HECKEN UND ZÄUNE

Nachtigall? Lerche? Kranich? Taube? Pelikan? Kaum weniger geschrieben wurde über den Zaunkönig. Eine feste Größe in der abendländischen Literatur ist er und in der nicht abendländischen »Dichtkunst« (H. Jaeger). Die Liste ist lang: Äsop, Aristoteles, Plutarch, Grimm und Nicolai, Shakespeare, Burns und Wordsworth, Naumann, Arndt und Löns, you name it.

Die Argumente liegen auf dem Tisch: ein kleiner Vogel mit großer Stimme. Manchen galt er als listig, als Groß- und Lautsprech', als einer, der mehr aus sich macht, als er augenscheinlich ist. Die meisten sahen in ihm jedoch den putzigen Kerl, den liebenswerten Dreikäsehoch, der eine staunenswerte Kraft entwikkelt in seinem mikroskopischen Körper, formidabel singt und uns, seiner Unermüdlichkeit sei Dank, auch in düsteren Zeiten erfreut, im Winter etwa. Oder im Sommer. Frühling ginge auch.

Literaturkenntnis schützt vor Neuentdeckungen, heißt es. Geht man durch den Wald und sieht einen kleinen braunen Vogel durchs Unterholz hüpfen und wuseln, winkt man ab. Is' bekannt (vgl. Absatz 1). Erblickt man ihn auf einer Singwarte, auf dem äußersten Ende eines Astes oder der Spitze einer Tanne, seinen Umriß gegen den Himmel, den kugeligen Leib, den beinahe stets aufgestellten Schwanz, denkt man: klar, schon gesehen (vgl. Google-Bildergalerie). Und wenn man ihn rufen hört, dann ist es, wie bereits tausendfach notiert und voneinander abgeschrieben: »Si-dillillilipp, si-zizizizizi, si-trellellellellä, si-sosiso, sitrillillillilii, si-däddäddäddäddä, sis-sässisi-huit« (vgl. Aristoteles). Not more to say 'bout nothing. Und doch …

Im hiesigen Wald ist er, anders als oft beschrieben, im Winter kaum zu hören. Zu Gesicht bekommt man ihn, der nur teilweise zieht, allerdings immer wieder, der fadenscheinig gewordenen Vegetation sei Dank – in den Senken, zwischen vertrockneten Ranken, braun wie die am Boden liegenden Blätter, von Muße keine Spur.

Daß sich Zaunkönige an frostigen Abenden sammeln und zusammensetzen, um sich aneinander zu wärmen, haben wir gelesen. Doch das Rheinland ist vielleicht nicht kalt genug für solch lauschige Treffen. Gehyggelt wird woanders. In der Zeit der Baumfällungen begegnet man dem kleinen König gelegentlich zwischen niedergelegten Stämmen und abgeschlagenem Astwerk; er, der Holzstapel und Gestrüpp liebt, schaut hier nach Nahrung und sucht Schutz und Unterschlupf. Was der Specht davon hält, geht ihn schließlich nichts an. Ein unverdrossener Ignorant.

Spätestens wenn die ersten Blätter aus den Zweigen treiben, erhebt er die Stimme, so laut wie ein »Feldwebel«, meint Hermann Löns. Doch Feldwebel rangieren weit unter den Gekrönten. Und sie singen nicht. Die aus verschiedenen Motiven zusammengesetzte Strophe mit mehrmaligen Rhythmuswechseln, diese schnelle, immer wieder variierte Folge von Zwitschern, Schmettern, Schlagen, Trillern ist nun vielfach vom Waldweg aus zu hören. Im dichter werdenden Grün, im zerstreuten Frühlingslicht wird es schwerer, ihn zu sehen. Doch seine Stimme ist so markant, daß man ihn nicht verfehlen kann. Es ließe sich der Wald kartieren nach seinem Gesang – Zaunkönigland, Revier neben Revier.

Die Konkurrenz ist groß, nicht nur unter seinesgleichen. Die Rotkehlchen stehen schon länger im Saft, die Buchfinkenmännchen melden sich vernehmlich zu Wort, und die Drosseln geben alles, um die Bühne zu behaupten: nicht Singersongwritergenuschel, sondern Rockstarpräsenz, Mikro, Reverb, volle PA. Aber der Zaunkönig läßt sich nicht irritieren. Der Frühlingswald ist seiner. Und auch den Lärm der Siedlungen scheint er nicht einmal zu ignorieren. Mögen die Motoren dröhnen, die Menschen noch so schrei'n, klein bei gibt er nicht.

Als wir das Lied des Zaunkönigs aus dem Nachbargarten hören, gehen wir hinüber. Es scheint, als habe er dort sein Revier gefunden. Er springt von Hecke zu Hecke, schaut sich die Bäume an, prüft Gebüsch und Gebäude, sucht immer wieder einen neuen Ausguck. Dort hebt er an, der Stenz, klar und kräftig, mit bebendem Körper und vibrierendem Schnabel, durchgeschüttelt von den Tönen, die ihm entweichen, und singt, mit fast franzjosefstraußhafter Wucht, doch präzise in der Artikulation. Man versteht seine Argumente und kann ihm folgen.

Bald darauf fährt er hoch, schnellt zu einem Holzstoß hinüber, zwängt sich zwischen die Scheite, taucht auf der anderen Seite wieder auf, inspiziert einige Gartengeräte und springt ins nächste Geäst, leicht und flink, alles Franzjosefstraußhafte abgestreift. Im Nu ist er fort – und alsbald wieder da.

Als ein Kater am Rand des Gartens auftaucht und sich bis auf drei Meter anschleicht, setzt er sich auf den Zaun an der Hecke, plustert sich auf und schilt von oben auf den Feind herab, mit einem scharfen, schneidenden Ruf: »Zitt-zitt-zitt. Zett-zett-zett.« Keine Chance dieser Welt hat dieser Kerl, aber er nutzt sie. Schalldruck 90 dB, sagt Uwe Westphal. Schwere Lastwagen rollen, ein Symphonieorchester spielt auf (Bruckner! Strawinsky!), ein »Preßlufthammer« (Barnes) wird angesetzt, der Ghettoblaster röhrt. Und der getigerte Mordgeselle schleicht sich, zieht Leine, macht die Biege, unter dem unverdrossenen Rufen und Schnalzen des Zaunkönigs, des Gernegroß. Und der? Macht sich wieder klein und ins Unterholz davon, nicht mal ein Rascheln ist zu hören.

Schützt Literatur, schützen Kenntnisse vor Entdeckungen? Ja und nein.

ESSVERFAHREN

Stare, sechs Stück, versammeln sich im Rest dessen, was einmal die Krone des Pflaumenbaums war, beratschlagen zirka eine Minute lang quörrend – und die Köpfe in alle Richtungen drehend –, wie die Lage sei, gelangen zu dem Schluß: Ja, ois einwandfrei, schicken dennoch erst mal ihren Kundschafter los, und der signalisiert nach der Landung: Auf, Freunde! Hier gibt's was für umme!

Der Amselmann macht sich umgehend an die eben ausgesäten Wildblumensamen ran, die Sau, die Amselfrau schlüpft ins Futterhäuschen, die guterzogene.

Der Grünling klammert sich ans lange Zeit von sämtlichen Feinschmeckern des Gartens gemiedene Futtersilo, das Grünlingspaar präferiert das nahebei hängende Futterhäuschen und haut minutenlang voll rein.

Spatzen, ebenfalls sechs, folgen der Strategie der Stare, aber von der Dachkante der Garage aus.

Der Buchfink, der Honorige, läßt die Wildblumensamen in Frieden und schnabelt das frischhergerichtete Sträucherbeet ab, eine Viertelstunde ist ihm das wert.

Zum Beschluß eine Rabenkrähe, die erst alle hat schlemmen lassen und nun in edler Gesinnung das Übriggebliebene vor der Garage aufliest.

BIEDERMEIER

Wie kann das gehen: sich am Schnattern der jungen Blaumeisen zu erfreuen, während der Wald am Amazonas niedergebrannt wird?

Es gehört sich nicht, eigentlich.

BESCHWERDE

Wer im Wald einen lauten Warnruf hört, hört meist die Beschwerde des Buntspechts. Doch dieser Ruf ist anders.

Das Werk des Borkenkäfers, heißt es, wo es das Werk des Menschen ist. In zweihundert Jahren wird hier, wenn der will, ein vielschichtiger Mischwald stehen, doch jetzt ist es Rodungsgebiet. Tiefe Spurrillen in der Erde, durch den Forst führt eine fünfzig Meter breite Schneise, Stämme liegen entastet, gekennzeichnet, mannshoch gestapelt neben dem Weg, am Rand der ehemaligen Schonung halten noch ein paar Fichten ihr Nadelkleid wie Fähnchen in den Wind. Der Waldboden ist übersät von den letzten Trieben, Zapfen, den abgetrennten Ästen, der Spreu der Forstwirtschaft. Wer mag, kann sich hier auf einen Baumstumpf setzen, um Baumstümpfe zu betrachten.

Irritierend, wie gut der Kahlschlag riecht. Immer noch liegt der Duft von geschlagenem Holz in der Luft wie ätherisches Öl, mit dem man inhaliert. Aber der Buntspecht ruft. »Gick-gick-gick.« Es klingt schrill. Zunächst meldet er sich vom westlichen Rand der leergeschlagenen Fläche, wo Buchen und Eichen von einem anderen Wald erzählen. Dann bewegt er sich, während wir das Gelände abgehen, und fliegt von Baum zu Baum, weiter Alarm gebend.

Oft schon sind wir in diesem Wald gewesen und haben sein Trommeln gehört, sind dem Specht nachgegangen, haben die Stämme hinaufgeschaut, um seine Kontur oder die von ihm gezimmerte Bruthöhle zu entdecken, doch so ausdauernd wie heute hat er uns noch nie angerufen: »Kikk-kikk-kikk-kikk«, fast wie im Furor so laut, kaum hört man mehr die anderen Stimmen des Waldes, nicht einmal das ungerührte Geplapper der Meisen, das unverdrossene Trillern des Zaunkönigs.

Auch nach Minuten ist der Specht nicht bereit, sich zu beruhigen, und während wir uns die Rodung anschauen, zwischen den Stümpfen umherstapfen, die Fläche vermessen, umrundet er nach und nach die von den Motorsägen geschaffene Lichtung. »Kik-kik-kik-kik« ruft er dem Eindringling zu. Vielleicht eine Viertelstunde dauert das, dann hat er das gesamte Areal mit seinem Ruf markiert, die Schnittkante nachgezeichnet.

Als wir auf den Forstweg zurückkehren, den Hang hinunterlaufen und die Schneise hinter uns lassen, geht uns sein Ruf noch eine Weile nach. Als seien wir es, die sein Holz geschlagen haben.

WEGESBREITE

Wenn es doch anders ginge.

Immer, wenn du durch den Wald gehst, fliehen die Vögel. In einem Leben werden das leicht Hunderte, wenn nicht Tausende von Rotkehlchen, die man beunruhigt, erschreckt, verjagt. Häufig fliehen sie entlang der Wege, die man geht, flattern auf und etliche Meter voraus, lassen sich fallen, gucken, was man tut, und werden nach wenigen Schritten erneut aufgescheucht. Erst nachdem sich das Spiel einige Male wiederholt hat, verschwinden sie ins schutzbietende Unterholz. Ein Spiel? Eine Taktik wie das Verleiten? Ein ans Revier gebundenes, nicht abzulegendes Verhaltensmuster? Eine Verschwendung von Kraft.

Also versuchst du, dich vorsichtiger zu bewegen und leiser aufzutreten. Du drückst dich an die Ränder der Wege, und ab und zu sprichst du die Vögel sogar an, bisweilen im mittelfränkischen Dialekt deiner Eltern, in der Hoffnung, dessen weicher Klang habe eine besonders beruhigende Wirkung. Doch meist fliehen die Vögel – wie die Rotkehlchen, so auch viele Buchfinken. Auf den Feldwegen sind es die Goldammern, die du vor dir hertreibst, und die Bachstelzen.

Vor einigen Tagen dann eine Singdrossel. Auch sie fliegt vor dir her, landet nach wenigen Metern, blickt zu dir zurück und fliegt erneut auf, da du ihr nähergekommen bist. Du bleibst stehen, trittst neben den Weg, und während du dich langsam voranbewegst, über Stöcke und Steine, durch Matsch und Moos, schaut dich der braune Vogel an, deine Absichten prüfend, zuckt kurz mit dem Schwanz – und bleibt sitzen.

Du gehst an ihm vorbei. Wir haben uns geeinigt.

MOTIV VON MORGEN

Stark triftig ist die These von der Geburt der Musik aus dem Geiste der Natur. Hochsublimierte Belege für sie finden sich mühelos, etwa bei Beethoven und Wagner.

Auf das Begrüßungsmotiv, das Vater jeden Morgen im Hof pfeift, bevor er den Vögeln das Futter aufs Pflaster hinhäufelt, reagieren die Amseln nicht wie Pawlowsche Hunde, sondern wie Lebensliebende, die ihre Dankbarkeit für die gerechte Erleichterung der Daseinsführung durch unaufdringliche Zuneigung zum Ausdruck bringen.

Heute allerdings, am Spätnachmittag, waren wir nicht gering erstaunt, da wir drei Amselmännchen zuhörten, die, verteilt über die Gärten im Quartier, allesamt in ihren Reviermarkierungskontergesang Vaters Pfeiftonperiode eingebaut hatten. Das erste sang a-d-d-b, das zweite antwortete mit a-d-d-b, das dritte replizierte: a-d-d-b – und alle drei exakt in Vaters Tonlage.

Wirklichkeit entsteht aus der Zwiesprache, aus dem Dialog, wußte Wilhelm von Humboldt. Vaters Melodie ist ein (instinktiver) Ehrerweis der Natur gegenüber, und die Natur – Natura naturans –, spätestens seit Christi Zeiten als stumpfsinnig verdammt und zum unbewußt erschaffenden Material degradiert, reagiert, indem sie sich Vaters Schöpfung zu eigen macht, sie als Bereicherung ihrer selbst anerkennt und – jetzt Natura naturata – dergestalt ein reziprokes Achtungsverhältnis bezeugt, von dem Descartes und Habermas nicht mal träumen können.

Beethoven hätte Vaters Morgenmotiv a-d-d-b versymphoniesiert.

EINGABE AN DIE ETHOLOGIE

Während der *Fränkischen Landeszeitung* zu entnehmen ist, daß am Stadtweiher in Leutershausen der ehemalige Trafoturm, ein »solide und massiv gebautes Gemäuer«, mit einer ansehnlichen Lärchenholzverkleidung versehen und zum »Artenschutzturm«, zum Quartier für Insekten und Vögel wie Mauersegler, Schleiereulen, Turmfalken, Schwalben, Stare und Spatzen umgestaltet wurde, sind zwei Beobachtungen jüngeren Datums nachzutragen.

Erstens: Die Amsel singt oben im Pflaumenbaum. Ein Spatz fliegt hinzu und setzt sich eine halbe Handbreit neben sie. Sie verstummt sofort.

Zweitens: Zwei Stare halten oben im Pflaumenbaum nach Futterquellen Ausschau. Mehrere Spatzen fliegen herzu und gruppieren sich um sie herum. Fündig geworden, starten die Stare, die Spatzen eilen ihnen hinterher.

Symbiose (im zweiten Fall)? Polizeistaatsgesinnung (im ersten)?

Die Fakultäten für Biologie seien um Stellungnahmen gebeten.

DAS ROTKEHLCHEN SINGT

Die Welt ist ein Gefängnis, in dem Einzelhaft vorzuziehen ist.
KARL KRAUS

King's X im Wiederholungsmodus hörend, »Prisoner« von der Platte *King's X* (1992), dem vierten Album dieses gnadenreichen Rocktrios, ein Stück, das sich vor allem Ungemach und aller Betrübnis und aller Beengtheit aus dem Staub macht, die der Mist namens Gesellschaft, namens Politik, namens »Wissenschaft« uns aufbürdet und -halst, in einer Welt, die in ihrer Ein-Heit nicht mehr nur falsch eingerichtet ist, sondern im automanipulatorischen Wahn alles Leben, das den Namen Leben verdient, versklavt und schließlich vernichtet, und unterm regenstimulierend kolorierten Himmel zischen unsere geliebten Stare, die Brecht bedichtete, in ihrem tränenhervorlockend schaukelnden, unschuldigen Pfeilflug immerzu hin und her, und in Richtung Süden, drüben auf dem First des grauen Hauses, foppt ein Elsternpaar eine Krähe, die über den beiden auf dem Schlot Ruhe hält und der das Gehampel grundegal ist und die nicht mal nicht reagiert.

Morgen der internationale Kampftag der Arbeiterklasse. Das Weltkapital hat ihn abgesagt, das Proletariat bleibt zu Hause und staubsaugt. Das Rotkehlchen singt, gegen alles, und nach dem ersten Regen seit Wochen surft, für uns in den hiesigen Breiten eine Premiere, der Saphir der Lüfte, der Rotmilan, ohne einen einzigen Flügelschlag gen Osten.

RAUMVERMESSUNG

Früher erklang das Gurren der Turteltaube in diesen Tagen an fast jedem Dorfrand oder Flußufer, heute sind ganze Landstriche turteltaubenfrei. […] Deutschlandweit sind seit 1980 fast neunzig Prozent der grazilen Vögel verschwunden, heute brüten nur noch 12.500 bis 22.000 Paare. Grund für den Rückgang ist die Intensivierung der Landwirtschaft: Durch die Ausweitung von Anbauflächen gehen Brachen, Ackersäume, Feldgehölze und Kleingewässer verloren. Damit verschwinden Nistplätze, Trinkquellen und Ackerwildkräuter wie Klee, Vogelwicke und Leimkraut.

SONNTAGSBLATT, 19. April 2020 (»Bedrohte Liebesbotin«)

Stefan Siegert ist Zeichner und Autor zahlreicher Radiofeatures zu Themen der klassischen Musik. Für die Deutsche Grammophon hat er eine Reihe mit Operneinführungen für Kinder produziert, zwei Bücher von Eckhard Henscheid zieren Titelzeichnungen von ihm, *Die Wolken ziehn dahin – Feuilletons* (Zürich 1992) und *Warum Frau Grimhild Alberich außerehelich Gunst gewährte – Neue musikalische Schriften* (Berlin 2001).

Bei Reclam sind von Stefan Siegert die Bücher *Bravo! Bravissimo! – Oper für Einsteiger* (Stuttgart 2013) und *Beethoven – 100 Seiten* (Stuttgart 2020) erschienen.

Ich erreiche Sie in der norddeutschen Tiefebene, in der Nähe des Schmalensees.

Fast am Ufer.

Und Sie schauen jeden Morgen ab halb sechs aus dem Fenster, und die Vogelwelt erquickt Sie.

Kann man sagen. Diese Vogelwelt hat zwei Dimensionen: einmal die Flora, die Blätter, die Büsche, das durchwehte und gerade ungeheuer leuchtende Grün, und zum anderen ist der Himmel sehr nah, ein Himmel voller Vögel. Im Moment sehe ich allerdings keine, aber normalerweise kreuzen hier sehr viele Möwen, und wie ich Ihnen gestern schrieb: Wir haben inzwischen drei Seeadler in den Lüften über unserem Gewässer. Neulich zeigte sich auch eine Gabelweihe viel weiter unten im Irdischen. Und Bussarde hat es zahlreich.

Ich halte es für eine große Schweinerei, daß Sie drei Seeadler haben – ich nehme an, daß die Altvögel den Jungvogel ausführen und ihm das Jagen beibringen …

Ja.

… während ich hier im Mittelfränkischen hocke, und niemand fährt mich zum Rothsee, wo Seeadler siedeln sollen. Wie können Sie sich rechtfertigen – daß Sie drei Seeadler haben, und ich sehe hier keinen?

Rothsee? Sie haben einen eigenen See?

Nein, nein! Aber der heißt tatsächlich so. Und selbst wenn ich einen eigenen See hätte, es brächte ja nichts. Und Sie haben die Kollegen vor der Haustür. Das finde ich nicht in Ordnung.

Das muß an Ihnen liegen. Die sind einfach zu uns gekommen. Die finden es wohl gut bei uns.

Sie leben da oben in einer Art Idyll, wenn ich Ihre gelegentlichen brieflichen Schilderungen richtig deute.

Den Eindruck habe ich. In Hamburg ist es, was die Vögel angeht, alles andere als toll, obwohl in den Städten ja so viele Vögel leben sollen.

Was erfreut Sie an der Beobachtung der Vögel besonders? Sie sind ja kein Spezialist und auch kein Hobbyornithologe, aber Sie reden gerne über Vögel. Was berührt oder begeistert Sie an den Vögeln?

Im Moment bezaubert mich natürlich besonders zu sehen, wie zärtlich die Vögel miteinander sind, wie die Vogelpaare, die auf den Zweigen sitzen, Inbilder des Netten abgeben.

Sie haben mir geschrieben, daß Sie mit größter Freude betrachten, wie sich ein Schwanenpaar anschickt, zur Reproduktion zu schreiten.

Ja. Das zu sehen ist unglaublich schön. Da kann man Wagner verstehen.

Gegen die Rede von der Zärtlichkeit, der Liebkosung, gegen die turtelnden Tauben und all das ließe sich mit Horkheimer und wem auch immer ins Feld führen, daß da der schiere Selbst- und Arterhaltungszwang obwaltet.

Natürlich. Schlicht und einfach Reproduktion. Aber das ist es bei uns ja auch. Bei uns wird ja auch eine Menge Brimborium drum veranstaltet. Es stellen sich dann immer haufenweise Begleiterscheinungen ein, die mit der Reproduktion erst mal überhaupt nichts zu tun haben. Wenn man sich überlegt, was die Liebe mit den Menschen alles anstellt, kann man sich nur wundern. Je älter ich werde, desto deutlicher sehe ich dahinter die Reproduktion – hinter der Schönheit junger Mädchen.

Das Brimborium könnte doch auf den Kunstaspekt der Natur hinweisen. Sie bringt selber Kunst hervor. Es laufen unterdessen ein paar Biologen herum, die zugeben, daß die Natur nicht alles unter dem Gesichtspunkt des biotischen Nutzens organisiert, sondern auch luxuriert, verschwendet. Sie gestattet sich Ausdrucksformen, die nicht nötig wären.

Vor allem während der Balz ist das Federkleid mancher Arten besonders attraktiv, oder?

Die Stare zum Beispiel legen das perlende Prachtkleid an. Es finden sich in der Vogelwelt aufwendigste Federfärbungen und -formen, in der Regel aber nur bei den Männchen. Die Weibchen tragen meist das Schlichtkleid, damit sie beim Brüten von Räubern nicht so leicht aufzuspüren sind. Aber warum singen Amseln so narrisch schön? Das ginge sicher auch einfacher.

Wohl wahr. Die Amseln übertönen alle. Wie Vögel miteinander umgehen, wie sie aussehen und wie sie singen, das sind durchaus Sinnbilder für die Kunst, zumindest große Anregungen. Wenn ich auf der Terrasse sitze und mit geschlossenen Augen zuhöre, erkenne ich die ganz unterschiedlichen Charaktere. Bei den Amseln muß man fast schon von elaborierten Melodien reden. Messiaen ist ja mit dem Notenblock durch die Natur gegangen, hat mitgeschrieben, was die Vögel von sich gegeben haben, und aus diesen Skizzen Kompositionen entwickelt.

Wir haben hier unterschiedlich einfallsreiche Amseln. Als es mit dem Frühjahrsgesang losging, hatten wir einen Amselhahn, der so was von aktiv war und dermaßen viele Ideen hatte! Das war ganz große Klasse! Und irgendwann hat meine Frau auf der Straße eine totgefahrene Amsel gesehen. Seither war diese einfallsreiche Amselstimme verstummt. Wir vermuten, daß nun gerade diese Amsel unters Auto gekommen war. Eine Tragödie. Dieser Amselhahn hatte so viele Ideen! Ich war als jemand, der musikalisch sensibilisiert ist, hin und weg gewesen. Der sang regelrecht Dreiklänge und hat seine Perioden faszinierend rhythmisiert. Es war die reine Freude, dem zuzuhören.

Messiaen hat, wenn ich mich recht erinnere, die Amsel als den größten Komponisten der Erde bezeichnet. Wir Menschen schmieren gegenüber der Amsel jämmerlich ab.

Ja! Dieser Erfindungsreichtum! Kein Amselgesang gleicht dem anderen. Die dämlichen Tauben gurren immer das gleiche. Manchmal frage ich mich, ob die in Vietnam genau das gleiche machen oder auf vietnamesisch gurren. Immer der gleiche Rhythmus. Wie Fußballfans, die immerzu das gleiche Zeug grölen. In der Beziehung finde ich Tauben richtig stumpfsinnig. Wenn ich sie allerdings auf einem Zweig sitzen sehe, wie sie schnäbeln – das ist wirklich herrlich. Oder neulich habe ich zwei Enten beobachtet, die kerzengerade aufeinander zugeschwommen sind, als wollten sie wie bei einem Ritterturnier einen Zusammenstoß herbeiführen. Es sah unheimlich aggressiv aus. Und in dem Moment, in dem sie beieinander waren, war das aufgelöst, und sie fingen an, auf eine Art und Weise körperlich zu kommunizieren ... Das war wunderschön. Das habe ich bei Menschen selten gesehen, bei Tänzern vielleicht. Wie die ihre Gefühle in Bewegungen umgesetzt haben – wunderschön! Das kriege ich hier auf meiner Terrasse geboten.

Beneidenswert.

Und der Schwan neulich morgens – zu zweit sehe ich die immer nur drüben am Ufer, nicht am hiesigen Ufer –, das hatte fast eine theologische Aura. Daß so ein Vogel in den Mythen der Menschheit eine derart große Rolle gespielt hat, wird einem sofort klar, wenn man das sieht.

Und das im Zeitalter der allseitigen Pseudoaufklärung. Das ist schon eine ergreifende Erfahrung, oder?

Daß man nach so langer Zeit, heute, in unserem sozusagen aufgeklärten Zeitalter mit seiner totalen Rationalisierung und kalten Perfektion, das Gefühl, das Menschen vor Hunderten von Jahren hatten, nachvollziehen kann, obwohl wir von den Tausenden Bildern täglich völlig abgestumpft sind ... Einen Abglanz dieser Faszination, die die Begegnung mit einem Schwan mal besessen haben muß, empfinde ich heute noch.

Ich will noch mal auf den Begriff der Reproduktion zurückkommen.

Bitte.

Es ist einfach total schnöde, es damit abzutun. Das stimmt zwar. Es handelt sich um Reproduktion. Aber wenn man sich bloß bei den Vögeln ansieht und anhört, was da alles passiert! Es ist doch das Schöne, daß die diesen Vorgang so herrlich zu Ohren führen, so konkretisieren! Ästhetisieren kann man vielleicht nicht sagen. Aber sie *verkörpern* ja das, was wir so abschätzig Reproduktion nennen, auf ihre ganz eigentümliche Art.

In gewisser Weise zelebrieren sie es ja. Und wenn man etwas zelebriert, muß man ein Bewußtsein davon haben, was man gerade tut.

Ob sie's zelebrieren, weiß ich nicht. Das setzte ja einen bestimmten Vorsatz voraus, einen Plan, ein Konzept. Darüber verfügen sie, glaube ich, nicht. Die machen das sozusagen auf eine direktere Art, automatisch. Da wirkt eine Automatik.

Da würde ich Ihnen widersprechen. Das wäre Descartes: Tiere seien nichts weiter als belebte Maschinen.

Auf einer ganz abstrakten Ebene kann man Lebewesen und Maschinen miteinander vergleichen. Wir sind Maschinen, denn uns beherrscht bei dem, was wir Reproduktion nennen, ein unheimlicher Automatismus. Da haben wir etwas Maschinenhaftes an uns. Das Ganze endet *immer* im Bett – und bei den Vögeln auf dem Ast oder auf der Wiese oder auf dem Felsen. Darauf läuft es immer hinaus. Und ich kann die Vögel als Mensch natürlich total gut verstehen. Uns geht's doch genauso wie denen. Es ist einfach das Höchste, was man als Lebewesen, als Kreatur erleben kann: dieses sich steigernde Miteinander, und dann gibt's am Ende sogar noch 'nen Extrahöhepunkt. Das muß jeden Menschen so was von faszinieren, und die Vögel verkörpern das auf eine unvergleichlich schöne, unvermittelte Art. Als Mensch müßte man, um das so hinzukriegen, ein ziemlich großer Künstler sein.

Aber wir können nicht sagen, ob sie wissen, was sie tun, oder ob sie lediglich ein Programm abspulen. Ich finde es ziemlich beruhigend, daß wir das nie wissen werden.

Ich habe eine Frage an Sie als Ornithologen – ich würde das bei Ihnen mit Doppel-l schreiben.

Danke schön.

Also. Der Amselhahn gibt sich eine unfaßbare Mühe und macht das toll, und wäre es ein Automatismus, müßte er ja praktisch jede rumkriegen.

Eben.

Das ist aber wahrscheinlich nicht so.

Überhaupt nicht. Es ist eher umgekehrt. An den Rebhühnern zum Beispiel hat, meine ich, Grzimek beobachtet, daß die Begattungsquote der Hähne bisweilen miserabel ist. Die wollen zwar alles besteigen, was da rumdackelt. Doch im Gegenzug sind die Damen höchst wählerisch und zugleich lustgenerös, wenn sie sich verschiedenen Gokkeln hingeben. Die haben beständig Erfolg, während manch einer von den Meistern in die Röhre guckt. Da hat die Emanzipation volles Rohr zugeschlagen.

Also, die sind von hoher Promiskuität, diese Rebhühner?

Genau. Polyandrie. Vielmännerei. Es ist nicht so, daß die Frauen in der Vogelwelt immer zu leiden haben, auch wenn sie oft das Schlicht- oder Schutzkleid tragen.

Wir haben uns schon öfter gefragt, ob Tiere, ob Vögel Humor haben. Die haben schon viel mit uns gemein. Aber trotzdem glaube ich – und das ist ein großer Unterschied zu uns –, daß ein Amselhahn, der von einer der Damen abgelehnt worden ist, nie Selbstmord begehen würde. Der würde sich nie vors nächste Auto stürzen.

Freunde von mir aus dem Odenwald – die wohnen in einer der schönsten Ecken des Odenwaldes – wollen immer mal wieder gesehen haben, wie Amselhähne absichtlich vor Autos geflogen sind, um sich umzubringen.

Das könnte eventuell eine Projektion von depressiven Menschen sein. Das glaube ich nicht. Die Vögel leben letzten Endes irgendwie doch sehr unbewußt.

Das ist auch eine Projektion. Das ist unsere Unterstellung.

Ja.

Ich maße mir mittlerweile nicht mehr an zu sagen: Die wissen nicht, was sie tun. Vieles, was sie tun und was sie darstellen, verfolgt keinen evolutionären Zweck. Sogar Darwin hat das in Anbetracht des Problems der Schönheit indirekt eingeräumt. Wie kann ich Vögeln dann die Fähigkeit zum bewußten Handeln absprechen? Man bezeichnet Verhaltensweisen, die unsinnig erscheinen, als Komfortverhalten. Amseln etwa baden gerne in der Sonne, obwohl sie sich dabei gegenüber Freßfeinden exponieren. Das haben Sie bestimmt schon gesehen.

Nein, das habe ich noch nicht gesehen. So einen Vogelblick wie Sie habe ich auch nicht. Was nehme ich denn von denen wahr, außer natürlich, daß ich sie höre? Die sehr unterschiedlichen Flugformen und -bilder fallen mir selbstverständlich auf. Es gibt Vögel, die fast nicht segeln können, und dann gibt es solche Sauser wie die Schwalben. Oder die Adler! Wie die fliegen können! Das ist unglaublich! Wie die auf dem Wind schweben! Oder Brecht, »Die Liebenden«! »Daß so der Kranich mit der Wolke teile / Den schönen Himmel, den sie kurz befliegen«. Daran denke ich manchmal. Das ist herrlich, wenn man auf dem Land ist, in Schleswig-Holstein. Der Himmel ist sehr groß. Wir haben einen Horizont, der durch nichts verstellt ist. Keine riesigen Wälder, keine Riesenberge. Das ist an der Landschaft hier besonders schön: daß der Himmel so weit ist. Und da ist eben auch sehr viel Platz für Vögel.

Das ist wie eine große Bühne.

Genau. Und die können ... Und dieses Schweben ... Sich als Wesen, als Kreatur in den Raum einbringen. Den Raum sozusagen vermessen durch das, was man tut. Das ist doch herrlich. Und an so was denke ich, wenn ich Vögel sehe. Und dann frage ich mich: Wo eilen die alle immer so geschäftig hin?

Könnten die nicht mal Ruhe geben und sich hinhocken?

Ja! Jeder hat irgendwas vor und ist verabredet oder weiß ich was! Also, wirklich, du! Ein Hin- und Herziehen! Die sind alle so beschäftigt damit, irgendwo hinzukommen! Was machen die den ganzen Tag? Warum müssen die eigentlich ständig die Stellung wechseln?

Es gibt in den hiesigen Breiten unter den Vögeln ein paar Stoiker. Der Graureiher kann stundenlang nur rumstehen. Deswegen mag ich ihn auch sehr. Dito der Mäusebussard, der zugleich ein begnadeter Flieger ist, der sich in die Thermik wie in ein altes Bauernbett hineinlegt, sitzt ausgesprochen …

Das kann er. Das stimmt. Normalerweise sieht man da oben in diesen Gefilden, in diesen Regionen meistens die Bussarde, dort, wo sich der Adler dann eben noch ein paar Stockwerke höher aufhält. Die Bussarde können schon was, aber so großartig wie die Adler schweben – auch in solchen Dimensionen schweben –, das können sie nicht. Aber es ist schon toll. Den Bussarden beim Schweben und dabei zuzusehen, wie sie mit dem Wind und mit der Thermik umgehen – da ziehe ich meinen Hut.

Und dann stoßen sie diese katzenartigen, herzzerreißenden Rufe aus. Für mich ist das der Inbegriff der Freude am Leben.

Ja. Ein gellender, doch freundlicher Schrei.

Warum spielen die Greifvögel in der klassischen Musik keine Rolle?

Aber natürlich spielen sie eine Rolle! Eine ganz berühmte Szene im *Freischütz*!

Ja, klar!

In der er abgeschossen wird! Bei besonders beknackten Regisseuren fällt dann tatsächlich so ein Vogel von der Bühnendecke runter.

So ein Gummiadler!

Der Schuß löst sich, und es fällt von oben was auf die Bühne runter. Das ist der *Freischütz*. Aber daß Vögel im wahrsten Sinne des Wortes, daß sie dramaturgisch eine Rolle spielen, außer im *Freischütz* … Musikalisch spielen sie schon eine Rolle. In der Programmusik und bereits bei Vivaldi spielen sie eine Rolle. Es gab seitens der Komponisten immer ein großes Vergnügen daran, bestimmte Vogelstimmen nachzuahmen.

28.2.

Ja, äh, jetzt ist mir der Gedanke gerade entfleucht. Denn eben ist eine Möwe über mich hinweggeflogen. Wenn der Wind scharf weht, laufen die Möwen zu großer Form auf. Die stehen in so einem steifen Nordwest regelrecht im Wind. Und wenn sie dann mit dem Wind dahinsausen, sieht das pfeilschnell und sehr elegant aus. Aber der Kollege eben, der ist richtig durch die Luft getorkelt.

Vielleicht hat er 'nen Joint geraucht.

Ja, so sah der ein bißchen aus. In der Sechsten von Beethoven spielen die Vögel eine gewichtige Rolle, das ist sowieso klar. Der Kuckuck kommt ohnehin überall vor. Was der singt, diese Terz, ist natürlich der Hit. Der Kuckuck – hunderttausendmal vertont. Und durchs Volkslied fliegt er auch, »Auf einem Baum ein Kuckuck saß«: »Da kam ein junger Jägersmann. // [...] Der schoß den armen Kuckuck tot. // [...] Und als ein Jahr vergangen war. // [...] Da war der Kuckuck wieder da. // Da freuten sich die Leute.«

Die Vögel. Wie schön der Goethe das immer mit bestimmten philosophischen Einsichten in den Menschen verknüpft hat: »Doch ist es jedem eingeboren, / Daß sein Gefühl hinauf und vorwärts dringt, / Wenn über uns, im blauen Raum verloren, / Ihr schmetternd' Lied die Lerche singt.«

Wunderbar. Bloß, es gibt keine Lerchen mehr. Der Adler kommt im Faust *ebenfalls vor.*

Direkt anschließend: »Wenn über schroffen Fichtenhöhen / Der Adler ausgebreitet schwebt / Und über Flächen, über Seen / Der Kranich nach der Heimat strebt.« Das ist doch herrlich!

DIE KONTEMPLATIVE AMSEL

Hast du so was schon mal gesehen? Hast du schon mal gesehen, wie eine Amsel ruht? Wie eine Amsel nachmittags um vier nichts anderes tut, als im Gras unter einem knorrigen Baum in der Lindenallee zu sitzen und zu schauen? Minutenlang, fünf Minuten lang, zehn Minuten lang, und regungslos? Ohne Anstalten zu machen, nach einem Wurm zu picken, ihr Revier zu markieren oder vor einer Katze zu warnen?

Hast du das schon mal gesehen? Wie einer dieser inkomparablen, immerzu geschäftigen Vögel einfach dahockt und lugt? Gänzlich antriebslos vergnügt in die Welt blickt?

Hast du noch nicht gesehen? Weißt du, was das für ein Glück ist?

KRÄHENZEIT

An einem Supermarkt treffen wir seit Jahren eine Rabenkrähe. Immerzu saß sie in einem Baum neben der Straße und betrachtete die Welt von oben. Zum Einkaufen fahren hieß, den Schatten der Krähe sehen. Selten fing sie an zu rufen, den Hals strekkend, den Kopf energisch nach vorne reckend, rollend, grollend, guttural: »Krah, krah.« Es klang wie: Ja, ja, laßt's endlich gut sein. Doch die, die es gut hätten seinlassen können, haben sie Jahr für Jahr mehr beschwert, haben gebaut, gepflastert und Bäume gefällt, weil man nicht bauen kann, wo ein Baum steht.

Die Krähe blieb. Mittlerweile ragt nur noch eine große Buche neben dem Parkplatz des Supermarktes auf, die, so scheint's, extra einen Ast derart hat wachsen lassen, daß er der Krähe als Kanzel dienen kann. Und der dunkle Vogel sitzt weiter dort oben, zeigt der Welt seinen Umriß und macht seine Rabengeräusche. Einkaufen fahren wir, um den Schatten der Krähe zu sehen.

*

An unserer Bushaltestelle eine Szene, die sich auch andernorts oft abspielt. Eine Rabenkrähe flog über die Straße, öffnete den Schnabel und ließ etwas los, eine Nuß, wie wir wenig später sahen. Mehrmals ließ der Vogel die Frucht aus etlichen Metern Höhe fallen, beobachtete den Aufprall und ging dann zu Boden, um zu prüfen, ob die Schale genügend Risse bekommen hatte, um sie aufbrechen zu können.

Einmal begegneten wir einer Krähe, die diese Methode in der Nähe eines Flusses anwandte. Sie folgte dem schmalen asphaltierten Weg auf der Deichkrone, der einzigen Oberfläche in der weitläufigen Wiesenlandschaft, die dafür geeignet war. Wir wollten dem Vogel, der immer wieder aufflog und die Nuß fallenließ, zur Hand gehen und die Frucht zertreten, also für ihn öffnen, doch dann erkannten wir, daß das, was er tat, eingeübte Praxis war, daß es etwas war, von dem er wußte, daß es irgendwann zum Erfolg führte.

Neben dem Weg fanden wir eine Vielzahl aufgesprengter Schalen, die er und seine Artgenossen dort hinterlassen hatten, allesamt von Walnüssen, deren Hüllen wesentlich leichter nachgeben als jene der Haselnuß. Sie brauchten unsere Hilfe nicht.

*

Man kann die Vögel an Parkplätzen und Bushaltestellen beobachten, das eigentliche Krähenland beginnt jedoch hinter dem Ortsrand. Wer die Krähen mit gemessenen Flügelschlägen übers Land ziehen sieht, mag sie auf den ersten Blick für behäbig, gar schwerfällig halten, aber nichts falscher als das. Schaut man ihnen länger zu, nimmt man den eigentümlichen Rhythmus ihres Fluges wahr, den Wechsel von Gleiten und Vorwärtsstreben, die Bewegungen, mit denen sie Wind und Luftströmungen aufgreifen, ausgleichen, für sich nutzen. Manchmal treiben sie wie Möwen durch die Brise, ein anderes Mal scheinen sie das leichte Spiel der Dohlen zu imitieren, dann streben sie kraftvoll voran wie ein Greif.

Die Kunstfertigkeit der Rabenkrähen, ihre »hohe Flugtechnik« (Fehringer), bekommt man vor allem dann zu Gesicht, wenn sie auf einen Mäusebussard treffen, ihn angreifen und verfolgen, um ihn aus ihrem Territorium zu vertreiben. Mit schnellen Flügelschlägen nähern sie sich dem Eindringling, umkreisen ihn, fahren erste Attacken, setzen sich über ihn, um herabzustoßen, lassen sich fallen und beginnen von neuem, immer wieder Nadelstiche setzend, allen Ausweichbewegungen des Bussards, unbeeindruckt von dessen halbherzigen Abwehrversuchen, mühelos folgend. Der Buteo ist ja ein cooler Geselle, doch in diesen

Momenten schaut er dumm aus der Wäsche. Und fast stets macht er sich schließlich, wie verlangt, genervt vom Acker.

Meist sind es Mäusebussarde, die den Unmut der Rabenkrähen zu spüren bekommen, auch haben wir sie schon einmal einen Rotmilan mobben sehen. Für Angriffe auf Wanderfalken oder Habichte, auf deren Speiseplan die Krähe ganz oben steht, gibt es hingegen wenig Belege. Es ist zu vermuten, daß die Krähen ihre Kräfte einzuschätzen wissen.

*

Gehen sie nicht gerade einen Bussard an, nimmt man die meist in dauerhafter Monogamie lebenden Krähenpaare in der Regel kaum wahr. Manchmal erblickt man die Schwarzbefrackten im Wipfel einer abgestorbenen Fichte oder auf der Querverstrebung eines Strommastes, im Abendlicht zur Ruhe gekommen, dicht beieinandersitzend, fast irritierend in ihrem taubenhaften Einvernehmen, in ihrer taubenartigen Harmonie.

Meist begegnen sie einem allerdings nicht paarweise, sondern in größeren Versammlungen. Diese werden von den Nichtbrütern gebildet, von jenen, die weder Partner noch Revier ergattern konnten, gewissermaßen vom Nachwuchsteam, von der Reservearmee der Art. Sie haben viel Zeit, doch stets genug zu tun: Streifzüge, Flugübungen, Auseinandersetzungen mit anderen Gefiederten, die Beobachtung und Erkundung von Mensch und Umwelt, Balgereien und Rempeleien, die dem Kräftemessen dienen, Hierarchien abklären helfen oder Spiel sind.

Bei der Nahrungssuche streifen die Rabenkrähen in gewissen Abständen voneinander über die Felder und Wiesen, in gemächlichen Bewegungen, wie eine Herde grasender Vierbeiner. Doch es ist kein monotones Fressen, sondern ein Suchen. Die Krähen haben den Blick zur Erde gerichtet und tasten den Boden mit den Augen ab, schauen hier, wenden den Kopf, schauen dort, legen Erdbrocken beiseite, biegen Gräser auseinander, ziehen und zupfen und stecken die Schnäbel in die Erde. Besonders einneh-

mend ist ihr Gang, eine Mischung aus Schreiten und Hüpfen, die zugleich komisch und leger wirkt. Wer die Dohlen vermißt, kann ein wenig Trost bei Krähen finden.

*

Auf den Menschen reagieren sie unterschiedlich. Man weiß von Leuten, denen es gelingt, zu Rabenkrähen Vertrauen aufzubauen. Doch sie haben ein gutes Gedächtnis und begründete Scheu und Furcht, entstanden durchs Vergrämen und Bejagen.

Die Krähen, auf die wir während unserer Spaziergänge über die Felder treffen, scheinen sich eine milde Skepsis bewahrt zu haben. Sie lassen uns herankommen, Zutraulichkeit ist ihnen aber fremd. Feine Unterschiede gibt es allerdings, in denen man die Verschiedenheit der Charaktere und Erfahrungen der Tiere erkennen mag. Einige werden schon unruhig, wirft man bloß einen Blick auf sie, manche haben eine Fluchtdistanz von nur wenigen Metern, andere machen eine pflichtschuldig wirkende Ausweichbewegung und gehen alsbald wieder ihren Verrichtungen nach.

Einmal begegneten wir einer Rabenkrähe auf dem Deich nahe dem Fluß, die uns einfach passieren ließ. Zwei Schritte lagen zwischen uns, aber wir waren nicht so wichtig. Auch dies etwas, was für die Krähen spricht: die Vorstellung, sie könnten lernen, daß keine Gefahr ausgeht, wenigstens von uns.

*

Der Frühling ist für uns die geringste Krähenzeit, zu sehr sind wir dann eingenommen von den Sensationen der sich aus der Winterruhe erhebenden Vogelwelt. Doch je später der Sommer, desto wichtiger die Krähen. Während die anderen ein wenig ihre Reize verlieren, zusehends stiller werden und im Halbdunkel der Gebüsche verschwinden, bleiben die Krähen ein verläßlich sichtbarer Teil der Landschaft.

Im Hochsommer nimmt gleichwohl auch ihre Agilität ab. An heißen Tagen wirken manche so bewegungslos wie die Plastikkollegen, die im Eingangsbereich von Bäckereien für Security sorgen. Oft sieht man sie träge ins Blattwerk eines Baumes zurückgezogen oder am Boden, den Schnabel aufgesperrt, wie ein Hund nach Luft hechelnd. Nach einem Gewitter sitzen sie an den Wegen, mit ihrem schweren Schnabel Wasser aus den wenigen Pfützen schöpfend.

Spätsommer und Herbst sind Erntezeit, die Krähen ziehen über die Felder, sammeln, was von der Belandwirtschaftung übriggeblieben ist, suchen unter verwachsenen Obstbäumen nach Früchten und plündern die Walnußbäume. Das Rheinland ist nicht die Provence. Und van Gogh war, nach allem, was wir wissen, kein Hyperrealist. Aber das Licht, die vergoldeten Kornfelder, darin, darüber die Vögel wie dunkle Striche – das, zusammengenommen, sind nicht bloß Atelierideen.

*

Auch im Winter bleiben einem die Rabenvögel erhalten. Wenn die Landschaft leer ist, die Bäume kahl sind, die Wiesen ohne Farbe und Bewuchs, die Äcker wie ausgefegt, ist es für die Krähen immer noch genug. Und ihr Ruf ist oft die einzige Äußerung, die die Natur noch bietet.

Das »Krah-krah« ist ein fast allgegenwärtiges Geräusch und zu einem kulturindustriellen Klangeffekt geworden, tausendfach verwendet, um eine bestimmte Atmosphäre zu evozieren. Um so erstaunlicher, welchen Eindruck das macht, wenn man morgens über ein gefrorenes Feld stapft, die Luft ist so kalt, daß sie beißt, die Erde verschorft, das vertrocknete Gras von Reif überzogen, am glasigen Himmel kein Vogel, keine Amsel singt, nicht einmal ein Bussard ist zu hören, nur das Knistern und Knacken der eigenen Schritte, und dann ruft eine einzelne Krähe. Man bleibt stehen. »Krah.« Pause. Und nochmals. Wie ein Schriftzeichen, auf ein leeres Blatt gesetzt.

*

Freilich bringt der Winter auch das Gegenteil mit sich: vollgekritzelte Notizbücher, Textmassen, Palimpseste. Auch in der dunklen Jahreszeit lösen sich die Versammlungen der Rabenkrähen nicht auf. Sie tun sich mit Dohlen zusammen, um Freß- und Schlafgemeinschaften zu bilden. Andere Rabenverwandte kommen hinzu, ziehen aus kälteren Regionen nach Mitteleuropa. Es ist die beste Krähenzeit.

Sie sammeln sich am Rhein, an den Brücken, und morgens, wenn man sich mit dem Auto der Stadt nähert, steigen sie, wie H. berichtet, empor wie Fledermäuse aus einem Verließ. Andere rasten in den hohen Platanen, die in der Nähe des Flusses stehen, neben dem Gelände eines Freibades, im Park einer Klinik. Am Ende des Tages kommen sie wieder zusammen, Dutzende, Hunderte Krähen, ziehen über die Stadt und lassen sich schließlich in den Baumkronen nieder. Ihre schwarzen Körper, das spärliche Licht, die weittönenden Rufe, die rostigen Stimmen – selbst die notorischsten Schreihälse, die Halsbandsittiche, halten da den Schnabel.

Manche ihrer Schlafbäume sind gut erreichbar. Schafft man es, sich ihnen zu nähern, ohne die Tiere aufzuschrecken, dann kann man den aufgekratzten Unterhaltungen der Vögel zuhören, ihrem anhaltenden, nach und nach leiser werdenden »Gekrakel« (Schuster). Es dauert stets lange, bis es Nacht wird.

Auch an dem Nebenfluß des Rheins, an dessen Ufer wir häufig entlanggehen, trifft man sie in der Dämmerung, viele der Vögel bereits in den Bäumen, während manche noch am Boden nach Nahrung spähen, andere promenieren und konversieren, einer flattert auf, um sich niederzulassen im Geäst, dreie folgen, viere verlassen wieder den Schlafplatz, um nach den anderen zu schauen, manche auf den Ästen scheinen bereits zu dösen, andere wackeln und wippen ein wenig, öffnen die Flügel, rufen. Über zahlreiche kleinere Bäume haben sich die Krähen verteilt. Von Ferne sehen sie aus wie Pechtropfen zwischen den Zweigen. Aus Dämmerung wird Dunkelheit, und als wir vom Deich abbiegen und wieder zurück in die Siedlung laufen, scheint es, als werde es zwei Grad wärmer.

*

Sogar die Dohlen, die sich im Sommer rar machen, kommen nun unweit von uns zusammen. Tagsüber sieht man sie in kleinen Trupps an der Eisenbahnstrecke, vor allem an Bahnhöfen, wo sie durchs Gleisbett wackeln, Bahnsteige absuchen und Mülleimer checken. Auf den Feldern mischen sie sich unter die Rabenkrähen, mit denen sie auch eine Schlafkolonie bilden.

Wer im Winter morgens den Bahnhof in H. erreicht, bekommt den bereits erwachten Schwarm zu Gesicht. Die hohen Bäume nahe dem Einkaufszentrum sind mit den beständig rufenden Vögeln dicht besetzt, in die es immer wieder hineinfährt wie ein Luftstoß, der einige hochgehen läßt, weitere mitzieht, bis Dutzende am Himmel sind, hin und her driften, krächzend, krähend, schnackend, schwätzend. Dann bricht die Welle wieder, etliche der Vögel fallen herab, nehmen abermals in den Bäumen Platz, um bald wieder eine neue Bewegung auszulösen, die ebenfalls nur kurz anhält und bald von der nächsten abgelöst wird, ab und auf geht es, und man würde das Schlagen der Flügel, das Rauschen der Luft hören, wären da nicht die munteren, rauhen Stimmen der Vögel.

Termine, Termine. Kaum einer der Pendler, die auf dem Bahnsteig stehen, scheint die Tiere wahrzunehmen. Diejenigen, die es tun, dürften an Gruselfilme denken oder an den Lärm oder an die ganze Scheiße. Aber du kannst dir nichts Erhebenderes vorstellen zwischen Schlemmergrill, Spielothek und Nahverkehrsfahrplan.

*

Vor einiger Zeit trafen wir, es war bereits dunkel, auf dem Nachhauseweg auf eine Rabenkrähe, die auf dem Gehsteig neben der Kirche gelandet war. Sie hieb mit ihrem klobigen Schnabel auf eine tote Taube ein, schüttelte das verendete Tier und riß Stücke aus dem geöffneten Körper. Als wir ihm zu nahe kamen, flog der »Krapp« (Kurt Floericke) schlechtgelaunt davon.

Wir erinnerten uns an etwas, das wir fast vergessen hatten: Krähen sind Opportunisten, Allesfresser, die nehmen, was ihnen vor den Schnabel kommt, Vogeleier, Jungtiere, Verletzte, Aas. Und wir dachten: Um die Krähen muß man sich nicht sorgen. Wenigstens sie werden bleiben.

HELLVERGLIMMHIMMEL

»Black Night«, the song with no meaning.
IAN GILLAN

Eben, knapp nach neun Uhr abends, Tipptoppfrühsommerhellverglimmhimmel, bei offenem Fenster »Black Night« von Deep Purple auf die Orgel gelegt, da tanzt zehn Sekunden später unser Amselhahnfreund haarexakt im Shuffle-Rhythmus von Ian Paice über den First der alten Waschküche.

Keine weiteren Fragen.

DAZWISCHENGEHEN

Das Bier hat geschmeckt, der Burger war aus Gemüse, die Fritten waren wie aus einer Kindheitsphantasie. Aufgewärmt und satt gehen wir über den Deich nach Hause, die Köpfe unter Kapuzen gesteckt, die noch nicht eingeholten Sonnenschirme knattern im Wind, der Tag spendet großzügig sein letztes Licht. Bevor der Weg die Wiesen erreicht, passieren wir einige Gebäude; das Klakkern der Fahnenschnüre an den Masten; dann ein weiteres Geräusch, als klopfe ein Mann nach der Öffnungszeit an die Fensterscheibe eines Ladenlokals.

An einem würfelförmigen Betonbau ein Austernfischer in voller Tracht, in kräftigem Schwarz-Weiß-Kontrast, sein Schnabel prangend rot. Er steht vor einem bis auf den Boden reichenden verspiegelten Fenster, läuft dann auf und ab und schlägt immer wieder mit seinem Schnabel an die Scheibe, vielmehr auf das ein, was er darin sieht. Als wir uns nähern, läßt er kurz ab, entfernt sich einige Meter und haut, sobald wir weitergegangen sind, abermals auf sein Spiegelbild ein. Für einen Specht kein Problem, doch dieser Austernfischer wird, wenn er so weitermacht, bald seine letzten Gehirnzellen zerstört haben.

Wir kehren noch mal um, drängen ihn erneut von der Fensterscheibe weg, aber als wir uns entfernen, kehrt er zurück, um von neuem auf den Vogel mit dem leuchtenden Schnabel einzudreschen, den Konkurrenten, der sich partout nicht vertreiben läßt. Erst als wir rufend und mit den Armen rudernd auf ihn zurennen und ihn dann über mehrere Meter verfolgen, bricht er aus dieser Dauerschleife aus und fliegt von dannen.

Auf der Rückreise, in einer norddeutschen Großstadt, sehen wir in einer Linde zwei Tauben. In Bäumen sitzen sie meist einträchtig nebeneinander, und Beschwerden kommen einem gewöhnlich nicht zu Ohren. Doch diese beiden haben ein Problem, zanken, flattern, hacken aufeinander ein und gehen einander nach, daß sich die Äste biegen. Nach kurzer Zeit ist klar: Frieden werden diese Vögel nie geben. Wir stiften ihn, indem wir in die Hände klatschen, sie schrecken auf und ziehen ab, in unterschiedliche Richtung.

Vor einigen Tagen erzählte H.s Vater von einem Vorfall auf der Straße. Von Lärm aufgeschreckt, trat er vors Haus und sah, wie sich eine massige Rabenkrähe einer Elster bemächtigt hatte und unentwegt auf sie einhackte, vor den Augen mehrerer ihrer Artgenossen, die das Schauspiel verfolgten. Also habe er den Raben mit einem Besenstil vertrieben, die Elster an sich genommen und in die Obhut einer Vogelstation gegeben.

Was wären die Vögel ohne den Menschen? Nichts als Viecher.

HAUSROTSCHWANZ IN THE HOUSE

Für Michael Schäfer

Hängste rum wie in Zeiten des Studiums.

Jenes der Germanistik habe man, lehrte uns der Professor damals in Tübingen im Einführungsproseminar, dergestalt zu absolvieren, daß man ein Blatt Papier bereitlege, einen Stift zur Hand nehme und sodann ein Buch lese, liegend im Bett gleich Oblomow, nahezu reglos die Welt dort draußen wenn nicht mißbilligend, so doch derselben keinerlei nennenswerte Aufmerksamkeit schenkend. Das sei alles, sagte Professor Schröder, aber dies möge oder müsse man ernsthaft betreiben.

Seither haben wir in dergleichen Tagesgestaltung durchaus Übung. Zu liegen und zu lesen, das ist eine bevorzugte – und, zugestanden, hochprivilegierte – Form der Daseinsbewältigung, und wir frönen ihr nicht selten, sofern keine verfickte Manuskriptabgabe im Fronplan der Existenztaktung verzeichnet ist – so also auch am Pfingstwochenende des in diesem Buchstiefel mehrmals implizit genannten Jahres.

Es war mild, und der Hausrotschwanz, den die beiden Alten, nistend in einem Haufen Gerümpel auf dem Garagendach, gepäppelt hatten – es war nur ein Nestling –, bettelte seit Tagen um Futter, sich kaum bewegend und meist auf dem Boden im Hof ausharrend. Die Elterntiere plagten sich, brachten ihm Kleingetier und lockten ihn mal von dieser, mal von jener Dachkante aus, auf daß er irgendwann geruhe, acht, neun Meter zu fliegen.

Stur saß er da, er hätte sich gleich zu uns ins Bett legen können. Wir lasen das neue Buch von S., und draußen ertönte entwe-

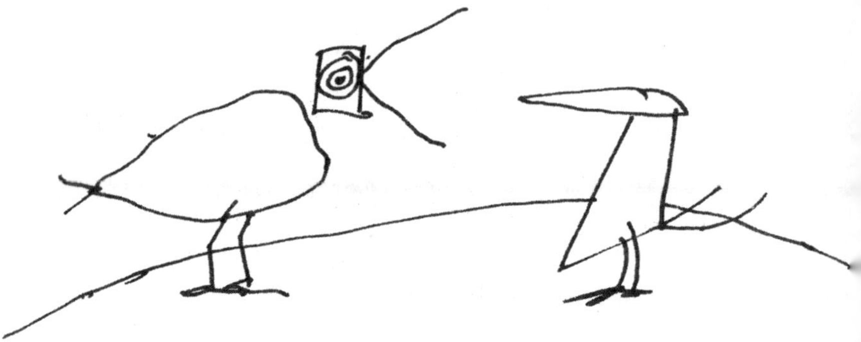

der das fiepende Lahnen oder der zeternde Kontaktruf (»Hu-it«), ergänzt um das in der Singvogelwelt ziemlich singuläre Tucksen.

Das Fenster war gekippt. Man denkt ja mit. Sollte sich der Bratz mal bequemen, wenigstens eine überschaubare Distanz zurückzulegen, verirrte er sich womöglich durchs weitgeöffnete Fenster ins Haus und fände nicht mehr umstandslos hinaus. Das sähen wir, bei aller lebensvollzugsbelastenden Dauerquengelei, nicht so gern.

Um die Mittagszeit fiel dem Jungblödmann jedoch was ein?

Eben.

Trotz Vorsichtsmaßnahme (noch mal: kein geöffnetes, nur gekipptes Fenster) schwirrte er zum Fensterschlitz hinauf, schlüpfte hindurch, nahm auf der Zarge Platz und guckte belemmert, mal ins Zimmer, mal in den Hof.

Man gerät da in innere Unruhe. Liegenbleiben, nicht bewegen? Aufstehen und ihn dadurch dazu animieren, wieder hinauszuflattern? Oder würde er in Angst geraten und die falsche Flucht nach innen antreten?

Genau das geschah. Der Dummkopf ließ sich nach unten fallen, drehte panisch eine Runde durchs Zimmer und verduftete in den Flur.

Wir rannten klopfenden Herzens in die beiden Nebenräume und rissen die Fenster auf. Säße er verwirrt hinter einer Bücherreihe, gewänne er, dachten wir, vielleicht trotzdem die Freiheit nie wieder.

Irgend etwas vor uns hin plappernd, um ihn zu ermuntern, gingen wir hin und her, bis uns einfiel: der erste Stock! Eilten nach oben. Und da kauerte der Gefangene vibrierend auf den Dielen, eine Reihe von vier Fenstern über ihm, von geschlossenen Fenstern. Schnellte plötzlich hoch und knallte gegen die Scheibe. Zweimal, dreimal, bis die Fenster offenstanden.

Er war nun indes offenbar bereits so benommen, daß er nichts mehr kapierte. Die Freiheit vor Augen, sah er die Gelegenheit nicht – oder vermochte sie, erschöpft, wie er wirkte, nicht zu ergreifen.

Man mußte ihn unter guten Worten behutsam schubsen, beinahe schieben, Richtung Balkontür, vor der er weiter ungewollt verweilte, bis er endlich mit einem Satz hinaus aufs Geländer sprang, dort ein paar Sekunden lang Kraft schöpfte und schließlich zwanzig Meter hinüber aufs Flachdach hampelte, wo er sich dann gründlich erholte, bestimmt eine halbe Stunde lang.

Zwei Tage später schaute er vorbei, flatterte im ersten Stock durchs geöffnete Fenster auf den Sims, schwatzte ein wenig mit uns und zischte ordnungsgemäß wieder ab in den Hinterhof. Und es muß sein alter Herr gewesen sein, der hernach, ab Mitte Juni, in jeder Nacht praktisch Punkt 3.30 Uhr zu singen anhob, uns während einer der üblichen, enervierenden Schlafunterbrechungen erquickend und seelisch stützend.

Das nennt man Solidarität. Oder Freundschaft.

ANZEIGE

B. schreibt und berichtet von einem ihrer Funde, diesmal von einer Meldung in der *Kölnischen Zeitung* Nr.99 vom 22. Juni 1817: »Eine zahme Elster ist vorigen Sonntag entkommen; wer sie wiederbringt, erhält 1 Rthlr Belohnung. Maximinenstaße No.30.«

Keine Ahnung, warum mich das so fröhlich stimmt.

OHNE KÜMMERNIS

10. Juni, Hauptstraße in N., vormittags, intentionsloser Blick aus dem Fenster (wegen allgemeiner Bocklosigkeit), wie üblich starker Verkehr, hm, hm, hm, hm, leicht feuchter Asphalt, zugezogener Himmel, was gibt's denn sonst noch zu sehen, nichts, praktisch gar nichts, da schreitet, apperzipieren wir auf einmal, auf dem rotbraunen Gehsteig gegenüber eine Bachstelze auf und ab, trippelt hin und trippelt her, vibrierender Schwanz, nickend und pickend wandelt sie auf totem Grund, Steinliebhaberin, Zivilisationsgernhaberin, Autokolonnendulderin, nach links, nach rechts, vor und zurück, wieder hin und wieder her, schert sie alles nicht, diese absonderliche Sologesellin, vergleichbar höchstens mit dem Durrutispötterweibchen, acht Minuten, neun Minuten, dann rüber auf den kurzgeschorenen Rasen, ein Zitterbild wie Kollegin Gebirgsstelze, macht weiter, macht weiter, macht weiter und weiter, im Kreis, im Halbkreis, in Schlaufen, auf Tangenten querfeldein, sonstige Anstalten: keine, nun dies, nun das, nun wieder jenes, gehen, nicht aufhören zu gehen, hierhingehen, dorthingehen, dabei gucken, Kopf zu Boden, Kopf hoch, gucken, bißchen gehen, schauen, so macht die das – und das alles bloß wegen ein wenig Regen.

DIEDELITT

Ein Topos der Literatur: der Blick nach oben. Eine archetypische Szene der Malerei: unten der, der auf der Erde geht, oben die mit den Flügeln. Mensch und Vogel.

Am besten kann man diese Szene in den Städten nachstellen, in den Innenstädten, dort, wo Häuserblocks die Straßen rahmen und der Beton babylonisch in die Höhe wächst. Im Schatten der Gebäude schaut man hinauf und erblickt durchs Himmelsfenster einen Vogel. Doch die ironische Selbstreflexion – was machst du da? Stellst du Birdy nach? – ist rasch verblaßt, wenigstens für den Moment.

Es ist keine Szene, es ist nichts Nachgestelltes, wenn du am frühen Nachmittag vor das Gebäude trittst, in dem du zu arbeiten pflegst, in Erwartung von Straßenlärm, Pausenbrot, Passanten, und auf einmal den wehen, herbeigewehten Ruf des Mäusebussards hörst. Du schaust einfach hinauf und siehst, wie er Richtung Stratosphäre verschwindet. »Was ist denn da oben?« fragt ein Kollege, der bereits vom Pausenbrotverspeisen zurückkehrt. »Mäusebussard«, sagst du, aber was sagt das schon.

Auf den Wegen durch die Stadt kann es ein kurzes Kichern sein, das dich von der nächsten Ampelphase ablenkt: der Ruf der Turmfalken, die sich geschwind zwischen Kirch- und Bürotürmen bewegen. Im Herbst ziehen gen Abend die Gänse übers Bankenviertel, für einen Augenblick ist nichts zu hören außer ihr Tenorsaxophonoktett; im Frühjahr überm Bahnhof die Kraniche, fünf, sechs locker gezogene, geknickte Linien, durch nichts verbunden als Luft, die Kathedrale, die sie passieren, nur ein Orientierungspunkt. Im Sommer, während du den Stand der Sonne prüfst, die Mauersegler, ein Gewebe aus Bewegung und

Tönen, das sich immer wieder auflöst und aufs neue verdichtet. Du schaust hinauf, und sie schauen nicht hinunter. Man fragt sich schon, warum die christliche Ikonographie derart viele Pelikane, Tauben und Rotkehlchen verzeichnet, aber keinen einzigen Mauersegler.

Dann ist da noch der Stieglitz. Du hast nie auf ihn geachtet, wenngleich er doch wie »kein anderer Vogel [...] in der Plastik und Malerei des Mittelalters dargestellt« sein soll (Gertrud Roth-Bojadzhiev). Schon im Paradies taucht er auf. Er begleitet die Jesusgeschichte, ziert Passions- und Heiligenbilder, schmückt Wandteppiche und Buchseiten. Häufig begleitet er die Madonna mit dem Kinde, mindestens fünfhundert solcher Gemälde gibt es, schätzt Mark Cocker.

Auf dem frühgotischen Tafelbild »Madonna von Veveri« preßt der Knabe einen Stieglitz mit gespreizten Flügeln an sich, der Vogel wirkt ein wenig leidend in seiner Kreuzespose. Bei Tiepolo ist es ein rosigweißer, pausbäckiger Knabe, die Finger der linken Hand fest um einen Vogel mit rotem Kopf geklammert. Und auf Raffaels »Madonna del Cardellino« sind es Johannes und Jesus im Säuglingsalter, die den Stieglitz halten. Der zukünftige Erlöser streicht ihm leicht über den Kopf, mit einem Blick, der dem anderen Knaben gilt, aber bereits ins Jenseitige zu schweifen scheint. Der Vogel wird später, so die Legende, dem am Kreuz hängenden Christus eine Dorne aus der Krone ziehen, und das Blut des Heilands wird seinen Kopf färben. Bei Richter und Polke: nichts davon.

Die Welt ist profan. Der Dornenfink war dir lange Zeit schnuppe. Der Stieglitz, der Distelfink, mußte schon selber aktiv werden, damit wir ihm Aufmerksamkeit schenkten. Eines Tages tauchte er in der Nähe unseres Hauses auf, nicht irgendwelcher Disteln, sondern der Sonnenblumen wegen. Einige hatte H. gesät, andere waren aus den Kernen entstanden, die andere Vögel aus den Futterhäusern geschmissen hatten. Nun hielten die Stieglitze Ernte, klammerten sich an den bereits vertrocknenden Stengeln fest, versenkten die Schnäbel in den schwarzen Blütenkörben und zogen die Samen wie mit einer Pinzette heraus. Die schweren Köpfe der Blumen hingen herab, so daß die Vögel teils kopfüber ihrem Nahrungserwerb nachgingen, mit turnerischer Leichtigkeit.

Wenige Tage ging das so, dann waren die Sonnenblumen um alles erleichtert, was sie zu geben vermocht hatten, zu ihren Füßen lagen die verstreuten Schalen. Seitdem waren die Stieglitze nicht mehr in unserem Garten. Gerade in den Herbstmonaten sind die Vögel unentwegt unterwegs, um die Umgebung nach Sämereien abzusuchen, aber bei uns kehrten sie nimmermehr ein. Die Wege des Herrn sind unergründlich.

Im darauffolgenden Jahr haben wir sie mit Nigersamen anzulocken versucht, die, einem dieser englischen Vogelbücher zufolge, zur Lieblingsspeise der Stieglitze gehören: In weniger als drei Tagen werden sie überrannt! Hundert Prozent Erfolgsgarantie! Wenn nicht, Geld zurück! Doch seit Monaten hängt die Futterröhre unberührt herum, blowin' in the wind.

Die Buntheit des Vogels wird allerorten gerühmt. Gepriesen werden sein fröhliches Wesen, die Verträglichkeit gegenüber seinesgleichen und die Zärtlichkeit, mit der die Gatten einander begegnen. Der Gesang sei »lieblich«, »von Herzen heiter« (Gottfried Stein), wie ein »kindliches Schwatzen und Plaudern« (Gattiker; nach Lieckfeld/Straaß). Zu allerlei unheilvollen Verniedlichungen scheint er zu animieren. Eine saubere Kritik des Stieglitzes findet man hingegen nicht.

Bevor wir die Stimme des Distelfinks richtig wahrnahmen, haben wir sie vermutlich anderen Vögeln zugeordnet. Sein Gesang hat etwas von den silbrigen Tonfolgen des Girlitzes, aber auch vom Schwätzen der Schwalben. Im Mittelpunkt steht das »Didelitt«, »Didlitt« oder »Stiglitt«, nach dem er seinen Namen hat, im Reviergesang begleitet von volltönenden Trillern und schnellem Schnalzen. In gedrängter Folge wird all das vorgetragen, wie in Salven, dann wieder gemächlicher, im wundersamen Wechsel der Artikulationen und Temperamente.

Einmal auf die Stieglitze aufmerksam geworden, begegnen wir ihnen in der Stadt seither an vielerlei Orten. Sie singen, und der Mensch lauscht. Einer wohnt in einer Birke im Hinterhof des Gebäudes, in dem wir zu arbeiten pflegen, ein anderer treibt sich in den Bäumen eines um die Ecke gelegenen Spielplatzes herum, ein dritter in der Robinie nahe dem Gerichtsgebäude. Wer durch die Stadt zum Bahnhof oder zum Rheinufer schlendert, bewegt sich durch ein Mosaik aus Stieglitzrevieren: eines hinter der Fußgängerzone, ein anderes an einem Kirchplatz, das dritte in einer Platane an einer Hauptverkehrsstraße.

In einem Innenhof, vollgestellt mit Fahrrädern, Mülltonnen und Außengastronomiemobiliar, kann man ein Pärchen zwischen den Zweigen beobachten, das Weibchen, wie es, gelegentlich plinkernd und zwitschernd, seinen evolutionsbiologisch vorschriftsmäßigen Verrichtungen nachgeht, das Männchen, wie es die Gattin begleitet, umfliegt, besingt, galant und etwas geckenhaft. Drei Linden scheinen ihnen zu genügen, und ihr Nest bauen sie im weißgrünen Baumarktefeu, der von einem Balkon hängt.

Es hat den Eindruck, als habe die Vertreibung der Stieglitze aus den Städten, die Vogelschützer registrieren, hier noch nicht begonnen – als weigere sich der Vogel, die Unwirtlichkeit der mit immer mehr Beton zugegossenen Metropole zur Kenntnis zu nehmen. Und so ist der Weg durch die Stadt ein Weg mit dem Stieglitz. Er singt, man bleibt stehen und schaut hinauf. »Was tust du da die ganze Zeit?« fragt eine Kollegin. »Ach, Stieglitze«, sagst du. »Ja, Stieglitze«, sagt sie.

eine Feder
hat jeder

VERSUCH, SEEADLER ZU SEHEN

Doch noch zum Rothsee gebrummt, am 6. August. Geparkt beim Seezentrum Heuberg. Herrische Sonne, Mittelmeerblau, der Körper matt vom alkoholfreien Bier. Man fragt sich schon, warum einen alkoholfreies Bier so fertigmachen kann.

Hat natürlich nicht geklappt, das mit dem Seeadlersehen. Vielleicht falsche Stelle. Und zu viele Menschen. Obendrein die fraulichen Sensationen zu enorm (abgelenkt).

Seit 2016 brütet ein Seeadlerpaar auch im weiter nordwestlich gelegenen Aischgrund, im Kreis Erlangen-Höchstadt. »Eine kleine Sensation«, heißt es in der *Fränkischen Landeszeitung* vom 24. Juni 2020.

»Wir halten den Standort des Horstes geheim, weil das Brutpaar sich schon mal so sehr von Beobachtern bedrängt fühlte, daß es umgezogen ist«, sagt Johannes Marabini von der Unteren Naturschutzbehörde laut *FLZ*.

Es hat also alles seine Richtigkeit.

NACHBEMERKUNGEN

[…] in einer Gesellschaft, […] in der die Wachstumsrate ein Fetisch ist und bleibt, in der jeder einzelne das Seine tut, um die Erde unbewohnbar zu machen.

WALTER BOEHLICH

Wenn man einem leuchtend orange-gelben Weber dabei zusieht, wie er einen Grashalm zum Nest trägt und ihn geschickt zwischen die anderen Halme steckt, betritt man eine Welt, deren Außengrenze kaum weiter als einen Steinwurf entfernt ist.

JONATHAN FRANZEN

In ihrem Buch *Verzeichnis einiger Verluste* schreibt Judith Schalansky: »Daß nicht wenige Denker der Neuzeit im regelmäßigen Untergang einer Kultur eine vernünftige oder gar heilsame Maßnahme sahen, erscheint […] verwunderlich. […] Mit dieser so beschränkten wie selbstherrlichen Weltsicht ließ sich die hemmungslose Inbesitznahme und Ausbeutung fremder Territorien, die Unterwerfung, Versklavung und Ermordung nichteuropäischer Völker und die Auslöschung ihrer mißachteten Kultur als Teil eines natürlichen Vorgangs verstehen und die falschverstandene Formel der Evolutionstheorie, nach der nur der Stärkere überlebt, als Rechtfertigung begangener Verbrechen.«

Dieser Imperialismus, der seit Jahren unter dem noblen, grenzenlosen Fortschritt und das Glück ausnahmslos aller anzeigenden Schibboleth »Globalisierung« segelt (die das einzige angebliche »Naturgesetz« ist, dem sich die Massen zu unterwerfen haben), ergreift und zermalmt nicht nur die Menschen und Kulturen, die zu schwach sind, um sich wehren zu können, sondern die Biosphäre als Ganzes. Es ist eine augenfällige Doppelbewegung: In dem Maße, in dem die Naturalisierung der Gesellschaft voranschreitet (und den Menschen das Recht raubt, über die Gestaltung ihres Lebens frei zu entscheiden), wird die Natur der vollständigen Vergesellschaftung unterworfen. Friedrich Engels hat den dem Verhängnis zugrundeliegenden theoretischen Taschenspielertrick in einem Brief aus dem Jahr 1875 auf den Punkt gebracht: »Die ganze Darwinsche Lehre vom Kampf ums Dasein ist einfach die Übertragung der Hobbesschen Lehre vom Bellum omnium contra omnes [...] aus der Gesellschaft in die belebte Natur. Nachdem man dieses Kunststück fertiggebracht, [...] so überträgt man dieselben Theorien aus der organischen Natur wieder in die Geschichte und behauptet nun, man habe ihre Gültigkeit als ewige Gesetze der menschlichen Gesellschaft nachgewiesen.«

Die – die Gesellschaft –, dergestalt eingerichtet und im Modus der totalen Konkurrenz an sich selber erstickend, die belebte, die organische Natur vollumfänglich in die Mangel nimmt und erdrosselt.

Wir müssen und wollen den umfänglichen Nachworten in *Kritik der Vögel* und *Unser Freund, der Kiebitz* nicht ein weiteres zorniges Elaborat in dieser durchaus nicht unbedeutenden Angelegenheit hinzufügen. »Die Blödheitsfähigkeit des Menschen ist unermeßlich«, platzte es aus Freund Udo Biermann im Juli 2020 am Telephon heraus, eine lupenreine Inversion der kantischen Philosophie aus dem Ärmel schüttelnd, und womöglich genügt das. Aber ein paar Anmerkungen dürfen hier trotzdem sein, sintemalen sich in den vergangenen paar Jahren nichts auch nur einen Zentimeter in eine bessere Richtung bewegt hat – siehe Bolsonaro, siehe Trump, siehe die Landwirtschaftspolitik in Europa, siehe Afrika, schau hin, wohin du den Blick noch zu richten vermagst, ohne daß dir blümerant wird.

Der »Winter der Märkte« (César Rendueles), der die Welt in Brand steckt, endet nicht. Und das verheißt und erheischt einiges. Es ist egal, welche öffentlichen Äußerungen man aufschnappt oder herausgreift, exemplarisch sind sie alle. In der Generaldebatte vom 27. November 2019 zum Bundeshaushalt 2020 etwa rief uns Frau Merkel zur marktradikalen Wachsamkeit auf, denn »sonst werden Wertschöpfungsketten an uns vorbeigehen«. Ihr Kollege Brinkhaus postulierte: »Wir müssen unsere Wirtschaft entfesseln!« (»Wir haben gute Anlagen dafür, und die müssen wir nur spielen« – nein, kein Wort mehr an dieser Stelle zur allerorten sich selbst brabbelnden Schrumpf- und Schrottsprache), und der nicht minder weise Abgeordnete der Grünen Hofreiter forderte, »Planungskapazitäten und Planungsbeschleunigungen auf den Weg zu bringen«. Das sind fürwahr »Ausrufezeichen an die Tendenzen« (Rolf Mützenich, SPD).

Nein, da läßt sich nur sagen: »Das Format geht so nicht weiter.« (1–2–3.tv, 2. Oktober 2019)

»In der einfältigen, doch bezwingenden Dramaturgie einer unaufhörlichen Entwicklung besteht der einzige Nutzen der Vergangenheit darin, dem Neuen unterlegen zu sein«, schreibt Judith Schalansky. Das Unterlegene sind – neben den Amazonasvölkern, den letzten Indianern in Nordamerika, den Eingeborenen in Südostasien – die Tiere und die Pflanzen, die Vögel und die Wälder, und das Neue sind die App, das Flugtaxi und die uralte Akkumulation.

Die stetige Steigerung der instrumentellen Potenz hat das weltumspannende industriell-finanzindustriell-militärische Oligopol in den Stand versetzt, die Erde sturmreif zu schießen. Sogar eine erdrückende Mehrheit der Linken, eingeschlossen jene, die sich so nennen und aber lediglich stumpfsinnige Globalisten sind, betet die Formel vom endlosen Wachstum herunter und hat den allseitigen Expansionismus (betreffs Produktion *und* Konsumtion) als religiöses Axiom verinnerlicht.

Was es mit dem »ökologischen Imperialismus« (John Bellamy

Foster) auf sich hat, ist seit Mitte des 19. Jahrhunderts bekannt und benannt: nämlich daß dieses »Raubsystem« (Justus von Liebig) »einen unheilbaren Riß hervorruf[t] in dem Zusammenhang des gesellschaftlichen und durch die Naturgesetze des Lebens vorgeschriebnen Stoffwechsels« (Marx).

»Die Marxsche Theorie des Bruchs im Stoffwechsel« (Foster) findet sich in Myriaden von Studien bestätigt. Mit dem »Kapitalismus im Endstadium« (Harald Lesch) einher geht zwangsläufig die finale Zernichtung des Lebens. Im August 2019 legte der Weltklimarat, ein revolutionärer Umtriebe gewiß unverdächtiges Gremium, einen Sonderbericht vor, der den Zustand der Erde als »katastrophal« bezeichnet. Am Regenwald werden regelrechte Massaker verübt, Kohlekraftwerke schießen allenthalben aus dem Boden, der Verkehr wächst und wächst (Globalisierung? Go for it!), die Autoindustrie kloppt immer wahnwitzigere Karren auf den Markt, die verbliebenen Feuchtgebiete kommen unter den Pflug, Rekordhitzewellen setzen die Wälder der Taiga in Flammen, die Weltbevölkerung »müßte schrumpfen« und nimmt galoppierend zu, und um sie zu ernähren (und ihre Mehrheit mit Fleisch rund um die Uhr zu versorgen, das entspricht dem segensreichen »westlichen Lebensstil«, zu dem notwendigerweise auch gehört, mindestens ein Drittel aller Lebensmittel wegzuschmeißen), werden die allerletzten Reste der Natur in die Landnutzung gepreßt. Die unter unfaßbarem Ressourcen-, Chemikalien- und Energieeinsatz auf Teufel komm raus hochgepeitschte Fleischproduktion im Dienste des wunderbaren »Welthandels«, für die mehr als achtzig Prozent aller agrarisch traktierten Flächen draufgehen, ist neben der (durch und durch analogen) Digitalisierung und dem Militär einer der Hauptkiller. Die unmittelbaren Folgen: Bodendegradierung und sprunghaft ansteigende Wüstenbildung. Was das für die Artenvielfalt bedeutet? Man darf sich die Antwort sparen. Und man darf mit Friederike Schmitz, der Herausgeberin des bei Suhrkamp erschienenen Sammelbandes

Tierethik, festhalten: »Man muß sich mit dem Kapital anlegen.«

Ein Jahr nach dem Erscheinen des IPCC-Reports, der darüber Auskunft gibt, daß mehr als siebzig Prozent der eisfreien Flächen des Planeten vom Menschen bewirtschaftet werden, Wälder, Moore und Meere rasend schnell ihre Funktion als CO_2-Senken verlieren und hochkomplexe Ökosysteme auf Nimmerwiedersehen verschwinden, meldete sich im August 2020 der Bremerhavener Klimaforscher Hans-Otto Pörtner, der die Arbeitsgruppe II des IPCC leitet, zu Wort und forderte, der Mensch müsse sich von einem Drittel der Erde zurückziehen: »In Gebieten, in denen der Mensch sich nicht niederläßt, könnten auch keine Ökosysteme zerstört werden, so Pörtner. Er fordert, daß mindestens ein Drittel der Landfläche und der Meere dem menschlichen Zugriff komplett entzogen werden.« (radiobremen) In irgendeine Fernsehnachrichtensendung – geschweige denn in eine zur besten Sendezeit – hat es die Meldung nicht geschafft.

Jonathan Franzen, der vermutlich passionierteste und zweifellos bekannteste Hobbyornithologe unter den bedeutenden Schriftstellern der Gegenwart, hat sich unschätzbare Verdienste um den Natur- und Vogelschutz erworben. In seinem jüngsten Essayband *Das Ende vom Ende der Welt* konstatiert er lapidar: »Menschen sind die universellen Mörder der Natur.« Und ein paar Seiten später ausführlicher: »Keine Frage, das nächste Jahrhundert [also das 21.] wird hart für die Wildtiere. Selbst wenn die Klimaforscher sich irren sollten und die weltweiten Temperaturen wie durch ein Wunder nicht weiter steigen, erleben wir immer noch das größte Massensterben seit 65 Millionen Jahren. Was von der natürlichen Welt noch übrig ist, wird durch den Anstieg der Weltbevölkerung, durch Abholzung und intensive Landwirtschaft, durch das Ausplündern der Fischgründe und Grundwasserleiter, durch Pestizide, Plastikmüll und die Verbreitung invasiver Arten rasant zerstört. Für zahllose Arten, darunter beinahe alle Vögel Nordamerikas, ist der Klimawandel hingegen keine unmittelbare, primäre Gefahr.«

Man hört die Kohorten der NGOs – die mit den Regierungen, die ungeachtet ihrer Konferenzbeschlüsse nichts, überhaupt nichts unternehmen, in der Beschreibung *des* Problems ganz und gar übereinstimmen – empört aufschreien. Allein, Franzen hat recht, wenn er sagt, »daß die Beschäftigung mit den Katastrophen der Zukunft uns hindert, lösbare Umweltprobleme im Hier und Jetzt anzugehen«, Probleme, die ihrer unverzüglichen Lösung bedürfen – siehe, pars pro toto, den Amazonasregenwald. Doch die den meisten Klimaschützern anhaftende Heuchelei oder »Unehrlichkeit verkehrt [...] Prioritäten. In den vergangenen zwanzig Jahren war die Umweltbewegung zur Gefangenen eines einzigen Themas geworden.«

Franzen legt eine glänzende Analyse dessen vor, was das »Narrativ« des Klimawandels unterschwellig begleitet. Zum einen: »Am Klimawandel sind alle schuld – mit anderen Worten: keiner. Wir können uns alle gut fühlen, wenn wir ihn beklagen.« Und zum anderen: »Der Klimawandel hat viel mit dem ökonomischen System gemein, das ihn beschleunigt« – und das niemand in Frage stellt. »Wie der Kapitalismus ist er transnational, auf unvorhersehbare Weise zerstörerisch, selbstverstärkend und unentrinnbar. Er trotzt dem Widerstand des einzelnen, bringt große Gewinner und große Verlierer hervor und tendiert zur globalen Monokultur – dem Aussterben der Verschiedenheit auf der Artenebene, einer monokulturellen Agenda auf der Institutionsebene. Er harmoniert auch prima mit der Technologieindustrie, indem er die Vorstellung befördert, daß allein die Technik, sei es durch die Effizienz des Fahrdienstvermittlers Uber, sei es durch einen Geniestreich des Geo-Engineering, das Problem der Treibhausgasemissionen lösen kann. Als Narrativ ist der Klimawandel fast so simpel wie ›Märkte sind effizient‹. Was erzählt wird, braucht weniger als hundertvierzig Zeichen: Wir nehmen CO_2, das zuvor gebunden war, und pumpen es in die Atmosphäre, und wenn wir

19-6-92

nicht damit aufhören, stecken wir in der Scheiße. Naturschutz dagegen ist romanhaft. Keine zwei Handlungsorte sind einander gleich, und keine Geschichte ist einfach.«

Der Schluß, den Franzen aus seinen Beobachtungen zieht, ist zwingend: »Solange das Ziel, den Klimawandel zu verlangsamen« – und es sei hier unterstrichen: Nein, Franzen ist kein sogenannter Klimaleugner oder -verharmloser –, »alle anderen Umweltanliegen aussticht, ist keine Landschaft der Erde sicher. Wie der Globalismus führt der Klimatismus zur Entfremdung. [...] Nur wenn die Natur als Ansammlung konkreter bedrohter Lebensräume begriffen wird statt als abstraktes Ding, das ›stirbt‹, läßt sich die vollständige Denaturierung der Welt verhindern.«

Franzen plädiert für einen »franziskanischen« Zugang zur und Umgang mit der Natur, für ein Verhältnis, das »inspiriert ist vom Vorbild des heiligen Franz von Assisi, der uns aufgetragen hat zu lieben, was konkret und verwundbar und genau vor unserer Nase ist«.

Daß die Wahrheit konkret sei, war mal ein Motto der Linken. Im Wahn der globalistischen, vorgeblich humanisierenden Ver-Einung – die einzig, wer Humboldt, Hannah Arendt und Adorno gelesen hat, weiß das, in der Versklavung durch den Totalitarismus des Kapitals enden kann – ist diese philosophische oder anthropologische Einsicht verschüttgegangen. »Die Schaffung einer befriedeten und beruhigenden und schönen Umwelt ist eben Werk des Eros«, hat Herbert Marcuse 1976 in einem äußerst sehenswerten, auf YouTube zu findenden Fernsehgespräch mit Ivo Frenzel und Willy Hochkeppel gesagt. Franzen argumentiert exakt in dieser unserethalben romantisch zu nennenden Tradition der Kritischen Theorie: »Man schützt etwas, das man liebt, etwas in unmittelbarer Nähe, und man sieht ein Ergebnis.«

Seltsamerweise bleiben einem die Vögel, über die Franzen in seinen Texten über seine Birder-Expeditionen spricht, ziemlich fremd. Kaum einmal beschreibt er ihr Aussehen, ihr Verhalten, ihre Eigentümlichkeiten akribisch, hingebungsvoll. Details scheinen ihn wenig zu interessieren. Die Tiere wirken meist wie in die distanzierte Sicht eines – Pardon! – Buchhalters gerückt. Sie sind Namen in einem Katalog.

Das andere, den zeitgenössischen Imperativ der szientifischen Pseudoexaktheit befolgende Prinzip illustriert der opulente Phototextband *Vögel ganz nah*. Der Photograph Roine Magnusson porträtierte in speziell eingerichteten provisorischen Ateliers mit höchstem technischen Aufwand Vögel, die in schwedischen Beringungsstationen in die Netze gegangen waren. Die Aufnahmen sind außergewöhnlich, manche von ihnen brillant, aber wir können uns des Eindrucks nicht erwehren, daß die Tiere, aus ihrer natürlichen Umgebung gerissen, insbesondere ihres Schauwertes wegen abgelichtet wurden. Auf nicht wenigen der hyperrealistischen Bilder sehen sie wie Diven oder Mannequins aus, bisweilen beinahe wie präpariert oder wie Schaufensterpuppen. Uns beschleicht da Befremden.

Wir haben versucht, einen – gewundenen – Weg in der oder durch die Mitte zu nehmen, einen Weg zwischen Franzens Flug über die Phänomene hinweg und der obsessiven Ausstellung körperlicher Details in *Vögel ganz nah*.

Nach der semi-enzyklopädischen und darob in Teilen bewußt albern gehaltenen *Kritik der Vögel* und der panegyrischen Monographie *Unser Freund, der Kiebitz* schien der Schritt zur Prosasammlung ohne jeden Anspruch auf formale oder inhaltliche Geschlossenheit, ohne den Willen zur sowieso zweifelhaften Systematisierung oder Systematik logisch zu sein.

Die *Minima Ornithologica* wenden sich den Vögeln in unserer nächsten Umgebung zu, den Vögeln im Hier und Jetzt, auch manchen Gefiederten aus der Erinnerung. Die Spatzen an der Straßenecke, die Wanderfalken über der Stadt, die Krähen in der Flur, die Stieglitze im Garten – keine Bevorzugung, keine Rangfolge. Von Bedeutung waren und sind für uns einzig die Unmittelbarkeit der Anschauung, das Beiläufige, das Zufällige, das Zufallende, das Banale, das Bewegende, das Abstoßende.

Vogelbeobachtung, aus dem Augenblick geboren, heißt auch, von der tollkühnen Doofheit der vom Unternehmer- und Unternehmungsgeist absorbierten Welt abgeschottet zu sein, in der Stadt, auf dem Land, im Garten. Wir sind keine Birder im modisch gewordenen Sinne des Wortes (Franzen ist einer, er gibt es offen zu). Wir haben keine Safaris unter- und kein Flugzeug genommen und nur dann, wenn es gar nicht anders ging, ein Auto benutzt. Wir haben bloß betrachtet, was sich um uns herum zutrug. Im Geringen, im scheinbar Wenigen ist oft mehr als in der zerquälten Allwelt.

Die Kleinwelt war F.W. Bernsteins Kosmos. Von ihm konnte man – neben sehr vielem anderen – lernen, daß das Sandkorn ein ebenso großes Gewicht besitzt wie der Komet, der an der Menschheitsheimat vorbeifliegt. Interessiert hat ihn, was den Zeitgeist nicht interessiert – das Krumme, das Ephemere, das sich nicht in eine imaginierte Gestalt oder eine Idee des großen Ganzen Einfügende. In dieser Haltung war er – neben Eckhard Henscheid, der es unvermindert ist – unter den Vertretern der Neuen Frankfurter Schule der getreuste Leser des Werks von Teddy Adorno, den er x-fach liebevoll abkonterfeit hat. »Das Ganze ist das Unwahre.«

Sämtliche Zeichnungen von F.W. Bernstein in diesem Buch stammen aus seinem Nachlaß. Er, der große Verschwender seiner überbordenden Phantasie und Dokumentationslust, hatte sie nie für eine Veröffentlichung vorgesehen. Unser großer Dank gilt Sabine Weigle, die uns erlaubt hat, die *Minima Ornithologica* mit einer winzigen Auswahl aus dem riesigen Fundus von Fritz' künstlerischer Hinterlassenschaft zu schmücken.

Und unser Dank gilt Peter Merg und Alexander Reich, den zu 93,6 Prozent unbestechlichen Feuilletonredakteuren der Tageszeitung *junge Welt*. Sie haben, während sie Fritz' mehr als fünfhundert Skizzen- und Notizbücher durchforsteten, um eine dann von Oktober 2019 bis Oktober 2020 unter dem Titel »Täglich Bernstein« in ihrem Ganovenblatt »gelaufene« Serie vorzubereiten, en passant alle ihnen untergekommenen Vogelmotive für uns digital archiviert. You did a great job, thanx a lot.

AUSGEWÄHLTE LITERATUR

Ansell, Neil: *Tief im Land – Meine Jahre in den Wäldern von Wales*, Berlin 2018

Aristoteles: *Tierkunde*, 2. Auflage, Paderborn 1957

Baker, J. A.: *Der Wanderfalke*, Berlin 2014

Barnes, Simon: *The Meaning of Birds*, London 2018

Barnes, Simon: *Vom Glück, einen Vogel am Gesang zu erkennen*, Hamburg 2019

Barnes, Simon: *On the Marsh – A Year surrounded by Wildness and Wet*, London 2019

Bauer, Hans-Günther/Bezzel, Einhard/Fiedler, Wolfgang (Hg.): *Das Kompendium der Vögel Mitteleuropas – Ein umfassendes Handbuch zu Biologie, Gefährdung und Schutz*, Wiebelsheim 2012

Bezzel, Einhard: *55 Irrtümer über Vögel*, Wiebelsheim 2019

Brehm, Alfred Edmund: *Das Leben der Vögel*, bearbeitet und hg. von Richard Gerlach, Frankfurt/Main u.a. 1966

Bruun, Bertel/Singer, Arthur/König, Claus: *Der Kosmos-Vogelführer – Die Vögel Deutschlands und Europas in Farbe*, 4., neubearbeitete und ergänzte Auflage, Stuttgart 1979

Burke, Janine: *Nest – Kunstwerke der Natur*, München 2017

Canetti, Elias: *Über Tiere*, München/Wien 2002

Cocker, Mark: *Birders – Tales of a Tribe*, London 2002

Cocker, Mark: *Crow Country – A Meditation on Birds, Landscapes and Nature*, London 2007

Cocker, Mark: *Claxton – Field Notes from a Small Planet*, London 2014

Conradi, Arnulf: *Vögel – Kleine Philosophie der Passionen*, München 1998

Conradi, Arnulf: *Zen und die Kunst der Vogelbeobachtung*, München 2019
Darwin, Charles: *Über die Entstehung der Arten durch natürliche Zuchtwahl*, 6. Auflage, Stuttgart 1876
Deakin, Roger: *Notes from Walnut Tree Farm*, London 2008
Deakin, Roger: *Wilde Wälder*, Berlin 2018
Dröscher, Vitus B.: *Wie menschlich sind Tiere?*, München 1985
Fabre, Jean-Henri: *Spinnen*, Berlin 2019
Fehringer, Otto: *Die Welt der Vögel*, München 1951
Fischer, Ludwig: *Natur im Sinn – Naturwahrnehmung und Literatur*, Berlin 2019
Floericke, Kurt: *Deutsches Vogelbuch für Forst- und Landwirte, Jäger, Naturfreunde und Vogelliebhaber, Lehrer und die reifere Jugend und für alle Gebildeten des deutschen Volkes, gemeinverständlich geschildert*, Stuttgart 1907
Franzen, Jonathan: *Das Ende vom Ende der Welt – Essays*, Hamburg 2019
Gerlach, Richard: *Die Gefiederten*, Berlin/Hamburg 1949
Grey, Edward: *The Charm of Birds*, London 2001
Grzimeks Tierleben – Enzyklopädie des Tierreichs, Bd.7: *Vögel 1*, hg. von Bernhard Grzimek u.a., München 1980
Grzimeks Tierleben – Enzyklopädie des Tierreichs, Bd.8: *Vögel 2*, hg. von Bernhard Grzimek u.a., München 1980
Grzimeks Tierleben – Enzyklopädie des Tierreichs, Bd.9: *Vögel 3*, hg. von Bernhard Grzimek u.a., München 1980
Haag-Wackernagel, Daniel: *Die Taube – Vom heiligen Vogel der Liebesgöttin zur Straßentaube*, Basel 1998
Heinrich, Bernd: *Ein Jahr in den Wäldern von Maine*, München u.a. 1994
Heinrich, Bernd: *Mind of the Raven – Investigations and Adventures with Wolf-Birds*, New York u.a. 2006
Heinroth, Oskar: *Aus dem Leben der Vögel*, 2., verbesserte Auflage, durchgesehen und ergänzt von Katharina Heinroth, Berlin u.a. 1955

Herburger, Günter: *Traum und Bahn*, München 1994
Howard, Len: *Alle Vögel meines Gartens – Geheimnisse des Vogellebens*, Stuttgart 1954
Hudson, William Henry: *Birds and Man*, London 1920
Hudson, William Henry: *Müßige Tage in Patagonien*, Berlin 2019
Hughes, Ted: *Season Songs*, London u.a. 1985
Krause, Bernie: *Das große Orchester der Tiere – Vom Ursprung der Musik in der Natur*, München 2013
Krauss, Peter: *Singt der Vogel, ruft er, oder schlägt er? – Handwörterbuch der Vogellaute*, Berlin 2017
Levine, George: *Lifebirds*, New Brunswick 1995
Lewis-Stempel, John: *Ein Stück Land – Mein Leben mit Pflanzen und Tieren*, Köln 2019
Lieckfeld, Claus-Peter/Straaß, Veronika: *Mythos Vogel – Geschichte – Legenden – 40 Vogelporträts*, München 2002
Limbrunner, Alfred/Bezzel, Einhard/Richarz, Klaus/Singer, Detlef: *Enzyklopädie der Brutvögel Europas*, Stuttgart 2013
Macdonald, Helen: *H wie Habicht*, Berlin 2015
Macdonald, Helen: *Falke – Biographie eines Räubers*, München 2017
Macfarlane, Robert: *Karte der Wildnis*, Berlin 2015
Magnusson, Roine/Ottosson, Mats/Ottosson, Åsa: *Vögel ganz nah*, München 2018
Moss, Stephen: *This Birding Life – The Best oft the Guardian's Birdwatch*, London 2006
Reichholf, Josef H.: *Rabenschwarze Intelligenz – Was wir von Krähen lernen können*, München/Zürich 2011
Reichholf, Josef H.: *Ornis – Das Leben der Vögel*, München 2014
Rendueles, César: *Kanaillen-Kapitalismus – Eine literarische Reise durch die Geschichte der freien Marktwirtschaft*, Berlin 2018
Schalansky, Judith: *Verzeichnis einiger Verluste*, Berlin 2018
Schmid, Ulrich: *Vögel – Zwischen Himmel und Erde*, Stuttgart 2018

Schmitz, Friederike: *Tierethik – Grundlagentexte*, Berlin 2014
Schuster von Forstner, Wilhelm: *Die Vögel Mitteleuropas – Handbuch der praktischen Vogelkunde auf Grund neuerer Forschungsergebnisse mit besonderer Berücksichtigung des wirtschaftlichen Wertes (Nutzen und Schaden) der Vögel Deutschlands*, 3., zeitgemäß umgearbeitete und vermehrte Auflage, Esslingen/München 1923
Shepherd, Nan: *The Living Mountain*, Edinburgh u.a. 2011
Stein, Gottfried: *Ergötzliche Vogelkunde – Betrachtungen eines Liebhabers*, München 1955
Stern, Horst/Thielcke, Gerhard/Vester, Frederic/Schreiber, Rudolf: *Rettet die Vögel - ... wir brauchen sie*, München/Berlin 1978
Summers-Smith, J. Denis: *On Sparrows and Man – A Love-Hate Relationship*, Guisborough 2005
Svensson, Lars: *Collins Bird Guide*, 2. Auflage, London 2010
Tinbergen, Niko: *Tierbeobachtungen zwischen Arktis und Afrika – Forscherfreuden in freier Natur*, Reinbek 1973
Tjernshaugen, Andreas: *Das verborgene Leben der Meisen*, Berlin 2017
Westphal, Uwe: *Schräge Vögel – Begegnungen mit Rohrdommel, Ziegenmelker, Wiedehopf und anderen heimischen Vogelarten*, Darmstadt 2015
Wulffen, Barbara von: *Von Nachtigallen und Grasmücken – Über das irdische Vergnügen an Vogelkunde und Biologie*, Frankfurt/Main 2001
Wüst, Walter: *Die Brutvögel Mitteleuropas*, München 1970

AUTORENHINWEIS

Von Thomas Roth stammen folgende Kapitel: Pflasterstrand / Schnitzeljagd / Grau und Grau / Warten / Nahaufnahme / Möglichkeiten der Möwe / Drauf geschissen / Herangeweht / Drei Arten, einen Regenpfeifer zu sehen / Düne / Vor dem Fenster / Amyllis / Der Fischdieb / Eine Amsel begraben 1–3 / Amselleben 1–5 / Einbildungskraft / Die Unversehrten / Aguja / Bubo / Die Singdrossel / Meisentagebuch / Roller / Peau de Meau / Die Ausnahme / Stoßdorf, Ende Juni 2019 / Penelope / Horror loci / Die Taube im Baum / Einer jener Vögel / Frieden / Übersee / Herr der Hecken und Zäune / Biedermeier / Beschwerde / Wegesbreite / Krähenzeit / Dazwischengehen / Anzeige / Diedelitt

Von Jürgen Roth stammen folgende Kapitel: Stadtmitte / Herr Sittich und Frau Safran / Die Vorschlaghammerammer / Die Verschwundenen / Mittagsschlaf / Schneider frei / Ententraum / Der Spatz von Nürnberg / Über das plötzliche Getöse am Frankfurter Himmel am Abend des 1. Juli / Ungerupft / Unsere lieben Schwäne / Bagger / Zuschrift / Letzte Mauser / Flugakustik / Beim Betrachten einiger Photos vom schönsten Vogel dieser Breiten / Vogelstille / An die Barbaren / Läßliche Landschaft / Eine Mehlschwalbe (Donnerwetter!) / Mitteilungen über die Umgebung / Das machen wir mal so / Intermission / Warum? / Blue Tit in Dachrinne / Die Tauben auf dem Dach / Laute um halb acht / Vogelperspektive / Sanfte Vernunft / Mal ’ne Frage / Fränkischer Spätseptember / Alle Vögel / Tenemos un trato, è tutto a posto / Apfelernte / Weitab / Zwischendurch mal das / Tagediebin / Psychologie der Vögel, entwickelt am 2. November beim Betrachten des Gartens durchs geöffnete Fenster / Naturzwang überwinden! Sofort! / Neun Schneeflocken / Von Kleber, Bachsteltz und ander Ergetzlichkeiten / War of the Blackbirds / Drei Rabenvogelmeldungen / Eßverfahren / Motiv von morgen / Eingabe an die Ethologie / Das Rotkehlchen singt / Raumvermessung / Die kontemplative Amsel / Hellverglimmhimmel / Hausrotschwanz in the house / Ohne Kümmernis / Versuch, Seeadler zu sehen / Nachbemerkungen

Von Katrin Holtgrewe stammt das Kapitel Flüchtige Blicke